積體電路
製程設計、
佈局規劃及測試

葉文冠　編著

東華書局

國家圖書館出版品預行編目資料

積體電路製程設計、佈局規劃及測試 / 葉文冠編著.
-- 1 版. -- 臺北市：臺灣東華, 2015.01
192 面；19x26 公分. --

ISBN 978-957-483-801-1（平裝）

1. 積體電路

448.62　　　　　　　　　　　　　103023280

積體電路製程設計、佈局規劃及測試

編 著 者	葉文冠
發 行 人	陳錦煌
出 版 者	臺灣東華書局股份有限公司
地　　址	臺北市重慶南路一段一四七號三樓
電　　話	(02) 2311-4027
傳　　眞	(02) 2311-6615
劃撥帳號	00064813
網　　址	www.tunghua.com.tw
讀者服務	service@tunghua.com.tw
門　　市	臺北市重慶南路一段一四七號一樓
電　　話	(02) 2371-9320

2026 25 24 23 22　JF　8 7 6 5 4

ISBN　　978-957-483-801-1

版權所有 ‧ 翻印必究

自序 PREFACE

　　台灣半導體產業由於高品質的人力資源與產官學研的良性合作等因素，已具備完整的產業供應鏈與群聚效應，發展其獨特的優越性，為台灣經濟史上創造不少奇蹟，除了帶動電子資訊業的蓬勃發展外，也讓台灣在世界舞台上擔任舉足輕重的角色。正因為半導體技術突飛猛進，也讓國內呈現許多半導體相關資訊與參考書籍。然而，觀察坊間半導體相關書籍資訊難易不一，並非完全針對欲進入半導體製造領域之人士所設計。另一方面，針對其他行業背景但對半導體製造有興趣的人員以及相關在校學生，並無合適的實務製程設計與佈局規劃之參考書籍可參考，因此激發本人撰寫一本結合積體電路製程設計與佈局規劃及測試之參考書的願景。

　　本書計畫以工程師的觀點來完成本書的架構，接續《積體電路製程技術與品質管理》一書之理論，提供讀者進入半導體工廠實務所需之知識。本書內含十二個章節，將半導體的製造技術分為前段製程與後段製程，以積體電路製程技術上所需之製程設計作為論述之重點，大致由光罩開模、半導體元件整合製程結構、製程變異控制規範與製程設計法則驗證為基本架構，並詳述各製程相關模組所扮演的角色以及如何做好所需之相關測試鍵設計與製程驗證，最後提供如何分析元件基本電性測試與可靠性量測，每一章節提供範例來加深讀者對課程的印象與認知，如此可符合目前半導體製程工程師在學習上的需求，並提供未來期望進入半導體製程相關產業的人士有一個基本理論認知與實務知識的教科書與實務練習的工具書。

　　本書編排章節與一般市面半導體相關書籍不同，主要以半導體元件設計理念與相關半導體工程觀點為內容。適合讀者包括半導體等相關高科技產業的新進人員，以及對半導體產業有興趣的學生和社會人士使用。本書的產生，有些是我在 IC 產業界累積的觀察心得，有些是我教學與學生討論激盪所產生的結

論，有些則是我閱讀國內外書籍的心得，我希望這些觀點，能夠帶給讀者一些幫助。本書儘量以半導體製造實務上面臨之困難與可能解決方法來說明，讓學員能夠充分了解目前半導體製造技術之發展趨勢，提昇讀者閱讀的興趣，也可提供半導體工程師做為一參考手冊。

本書內容涵蓋製程設計與測試驗證，半導體產業是發展快速的產業，本書疏漏之處在所難免，謹在此期盼諸位先進，不吝指教，廣為建言。最後要感謝高雄大學提供我一個可發揮的環境，此校園乃我從一創校就一起成長之土地，一草一木皆令我感動，以及我的同事、朋友、學生們的協助與鼓勵。

謹以此書獻給我親愛的太太先樂與女兒佳欣，感謝他們無私的容忍與支持

葉文冠
壹佰零肆年壹月於國立高雄大學

目錄 CONTENTS

01 半導體元件與製程簡介／1

1.1 半導體元件結構與操作模式　1
1.2 積體電路結構　3
1.3 積體電路製造流程　4
1.4 積體電路製造代工模式之發展趨勢　5
1.5 習題　8

02 晶圓下線／9

2.1 電路設計流程 (Design Flow)　9
2.2 光罩製作申請表 (Mask Tooling Table) 與 IC Tape Out　10
2.3 積體電路設計分類　12
2.4 晶片主要製作設計法則 (Design Rule)　14
2.5 習題　17

03 製作流程與佈局設計／19

3.1 積體電路製作流程 (Process Flow)　19
3.2 前段製作流程 (Front-End Process Flow)　25
3.3 CMOS 反相器 (Inverter) 設計與佈局　32
3.4 習題　41

04 模組設計（一）：隔離製程／43

4.1 淺溝槽絕緣製作流程 (STI Process Flow)　43
4.2 位井製作流程 (Well Formation Process Flow)　49
4.3 習題　51

05 模組設計（二）：元件製程／53

5.1 多晶矽閘極之製作　53

5.2 源極／汲極接面製作　56

5.3 自動對準矽化物製程 (Salicidation)　61

5.4 習題　63

06 模組設計（三）：後段製程／65

6.1 Inter-Layer Dielectric Passivation　65

6.2 金屬化製程 (Metalization)——接觸窗工程 (Contact Plug Formation)　67

6.3 金屬化 (Metalization) 製程——鋁金屬製程　69

6.4 金屬化製程——後段完全鋁製程　70

6.5 金屬化製程——銅製程 (Copper Line Process)　73

6.6 習題　81

07 製程變異與控制／83

7.1 製程規格訂定　83

7.2 薄膜製程　84

7.3 微影製程　90

7.4 蝕刻製程　91

7.5 平坦化　92

7.6 習題　96

08 製程規範規劃與光罩製作／97

8.1 製程規格　97

8.2 製程規格之評估項目　97

8.3 設計法則 (Design Rule)　100

8.4 IC 設計流程　102

8.5 光罩製作流程　106

8.6 習題　109

09　設計法則驗證／111

9.1　設計法則 (Design Rule)　111

9.2　電性設計法則 (Electrical Design Rule)　111

9.3　IC 佈局設計法則 (Layout Design Rule)　114

9.4　習題　123

10　半導體元件測試／125

10.1　半導體元件測試方式　125

10.2　直接量測之半導體參數　126

10.3　非直接量測參數　134

10.4　習題　137

11　測量元件設計／139

11.1　測試鍵 (Test-Key)　139

11.2　測試鍵配置　144

11.3　自動測試　145

11.4　習題　151

12　元件可靠性分析／153

12.1　可靠性生成原理　153

12.2　元件退化機制　157

12.3　可靠性實驗設計　158

12.4　閘極介電層崩潰　160

12.5　實際量測範例　163

12.6　習題　171

參考文獻　173

索引　179

半導體元件與製程簡介 1

Semiconductor Device and Process

本章主要針對半導體金屬氧化層半導體場效電晶體 (Metal-Oxide-Semiconductor-Field-Effect-Transistor),介紹其基本之操作原理以及元件特性,並了解以 MOSFET 完成之積體電路 (Integrated Circuit) 之結構,由於積體電路之製作主要是 IC 設計公司 (Design House) 將設計好之線路交付給半導體代工廠 (Foundry) 經由數百到數千道製程來完成半成品後,再經過封裝 (Packaging) 才完成最後成品。整個過程十分繁複且需謹慎地、重複地測試並控制每一道手續之穩定性,才可以達到最好之良率 (Yield) 以及獲得最佳產品可靠性 (Reliability)。由於台灣在半導體產品的生產鏈上下游之完整性,每年已為台灣帶來數千億美元之外匯,所以半導體產業可以說是台灣最重要之經濟支柱之一,不可諱言,唯有不斷地創新與改良,半導體產業才可以持續地在台灣發揚光大,為我國創造更大之經濟奇蹟。

1.1 半導體元件結構與操作模式

圖 1.1 所示為 n 型金屬氧化層半導體場效電晶體 (n-type Metal-Oxide-Semiconductor-Field-Effect-Transistor, nMOSFET) 之側面結構圖與操作模式,由圖中可以看到,對 n 型 MOSFET 而言,源極與汲極是 n 型,而基板是 p 型,所以為使元件可以操作開關,我們可以在閘極加一正電壓 V_{GS},汲極加一正電壓

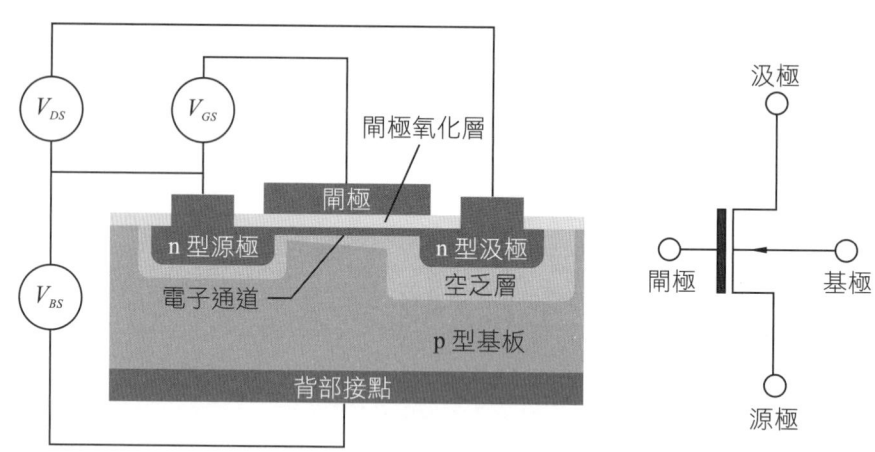

▶ 圖 1.1 n 型金屬氧化層半導體場效電晶體 (n-type Metal-Oxide-Semiconductor-Field-Effect-Transistor, nMOSFET) 之側面結構與操作模式以及代表符號

V_{DS}，源極接地，如此一來，MOSFET 即可以利用閘極感應之電子 (Electron) 形成一電子通道 (Electron Channel)，將源極之電子，經由汲極吸引後產生電流 (I_{DS})，因此閘極電壓 (V_{GS}) 就如一開關來控制 MOSFET 之電流產生與否，即可完成邏輯 (Logic) 所需之基本「1」與「0」之單元。另外，基板可以施予一偏壓 V_{BS} 來控制 MOSFET 之截止電壓 (V_{TH}) 以提高 MOSFET 之操作彈性。

圖 1.2 即說明 n 型金屬半場效電晶體之俯視圖 (Top View) 與操作模式，我們可以清楚地看到 n 型源極之電子可經由閘極電壓所感應之通道 (長度為 L) 到達汲極後形成電流 I_{DS}。我們即可以施予不同之閘極電壓 (V_{GS}) 來得到不同之汲極電流 (I_{DS})，即如圖 1.3 所示，n 型 MOSFET 在 $V_{GS} = 1 \sim 5$ V 下之 I_{DS}-V_{DS} 特性圖。而製造公司即可以用此元件特性完成元件模型 (Model) 提供給 IC 設計者 (Designer) 來設計相關半導體產品，有時設計者也會依據此元件模型來開發新的半導體產品，並可能要求半導體廠協助改善元件特性以達到新產品所需之規格。

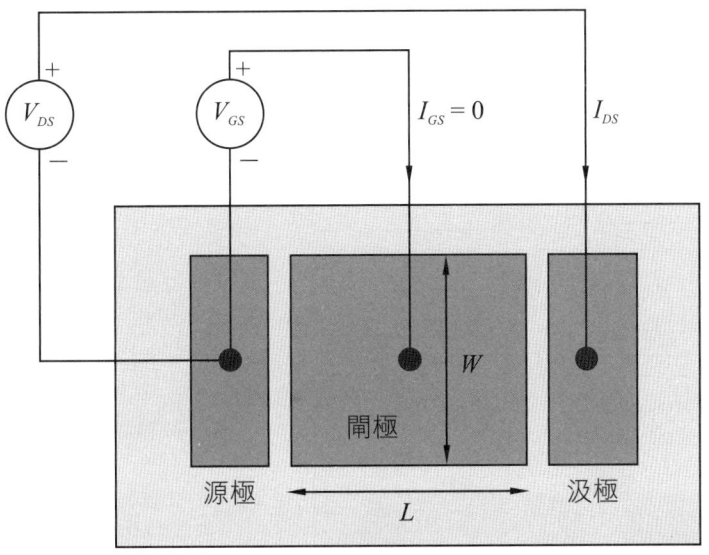

▶ 圖 1.2　n 型金氧半場效電晶體之俯視圖 (Top View) 與操作模式

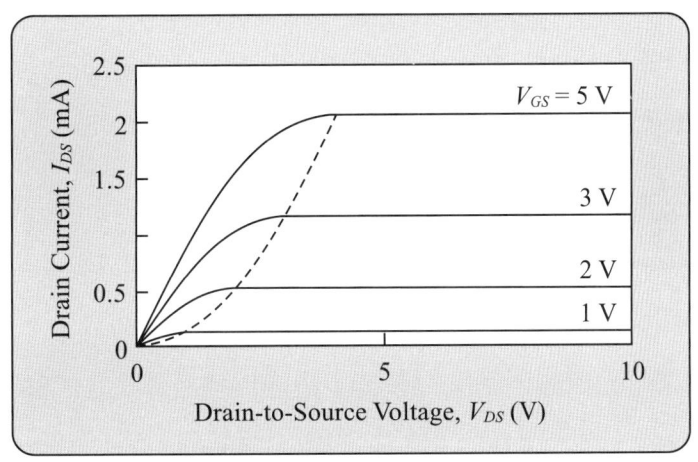

▶ 圖 1.3　n 型 MOSFET 在 V_{GS} = 5 V、3 V、2 V 與 1 V 之 I-V 特性

1.2　積體電路結構

　　由於積體電路在製作前需先確定是以何種製程技術來完成,所以當設計公司決定下線 (Tape Out) 時,半導體代工廠 (Foundry) 會提供相關設計法則 (Design Rule) 以及積體結構圖給客戶。圖 1.4 為一層多晶矽四層金屬之邏輯積體電路之

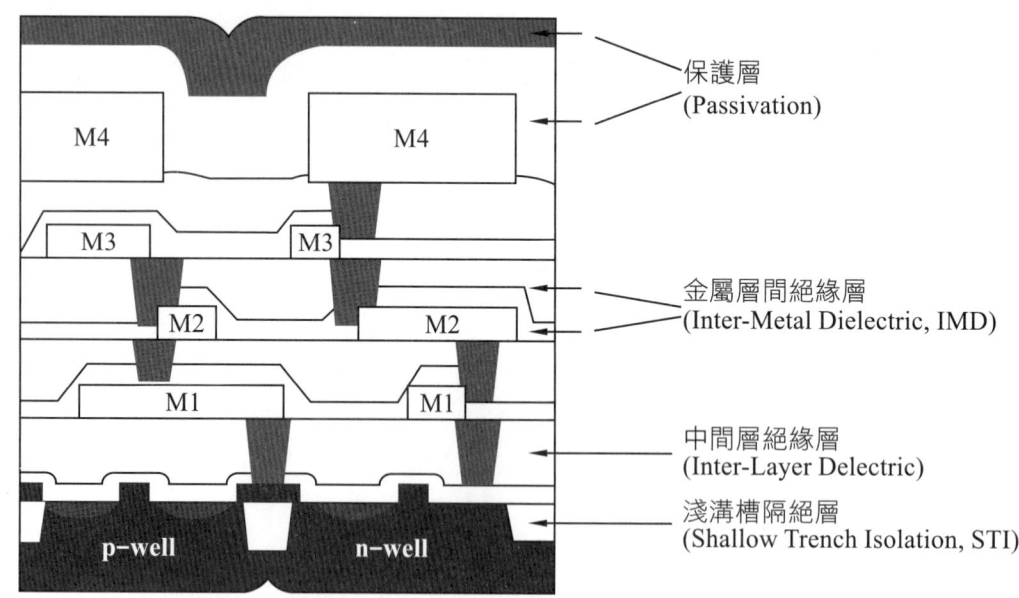

● 圖 1.4　1P4M 邏輯積體電路之結構圖

結構圖 (1P4M Logic Device Structure)，如此一來，設計者即可以清楚地了解半導體廠將以何種製程方式完成所設計之線路。

 1.3　積體電路製造流程

一旦客戶開始確定以某一製程下線後，代工廠就開始著手下線之工作，下線包含線路出圖，光罩製作到晶片製造，最後再將晶圓級之成品交由封裝廠做構裝 (Assembly) 之後即可出貨，詳細之製造流程如圖 1.5 所示。

由於晶片製造是十分繁複之流程，需要大量人力來維持設備機台與製程條件之穩定，所以需有很嚴謹之操作過程。在製造過程中大致可分為薄膜 (Thin Film)、擴散 (Diffusion)、微影 (黃光) (Lithography)，以及蝕刻 (Etching) 四大模組 (Module)，最後再整合 (Integration) 所有模組完成所需之晶片製造。

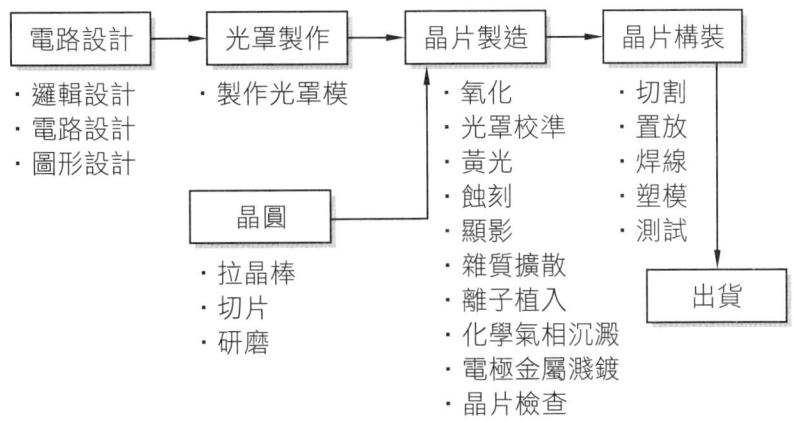

● 圖 1.5　積體電路製造流程

1.4　積體電路製造代工模式之發展趨勢

　　早期半導體廠幾乎是由整合元件製造商 (Integrated Device Manufacturer, IDM) 自己來設廠製造自己的產品。後來因有許多專業之 IC 設計公司出現，需要大量的晶片製造，因此才孕育了半導體代工廠 (Foundry) 之產生，代工廠可提供 IC 設計公司製造服務，可以大幅降低 IC 設計公司大量設廠資本投入的需要與風險，且可使 IC 設計公司不必擔心設計之技術外洩給 IDM 廠。

　　Foundry 為提高客戶服務附加價值，提供一次購足服務 (One Stop Service)，多與半導體產業價值鏈前段 (Front-End) 服務廠商以及後段 (Back-End) 服務廠商策略聯盟，藉此增加服務內容深度，以擴大可服務客戶的範圍，這與 IDM 廠商是企業內其他部門間的關係顯著不同。

　　前段 (Front-End) 服務廠商包括智財權組塊 (IP)、元件資料庫 (Library)、電子設計自動化工具 (EDA) 與設計服務等，後段服務廠商則包括封裝、測試等廠商，如圖 1.6 所示。Foundry 的運籌體系，即是為一以 Foundry 為核心，協力廠商圍繞其周圍的「全面性服務體系」，隨著技術高度成長，專業水平分工的發展效率越來越有超越 IDM 的可能。其差異的比較如表 1.1 所示。

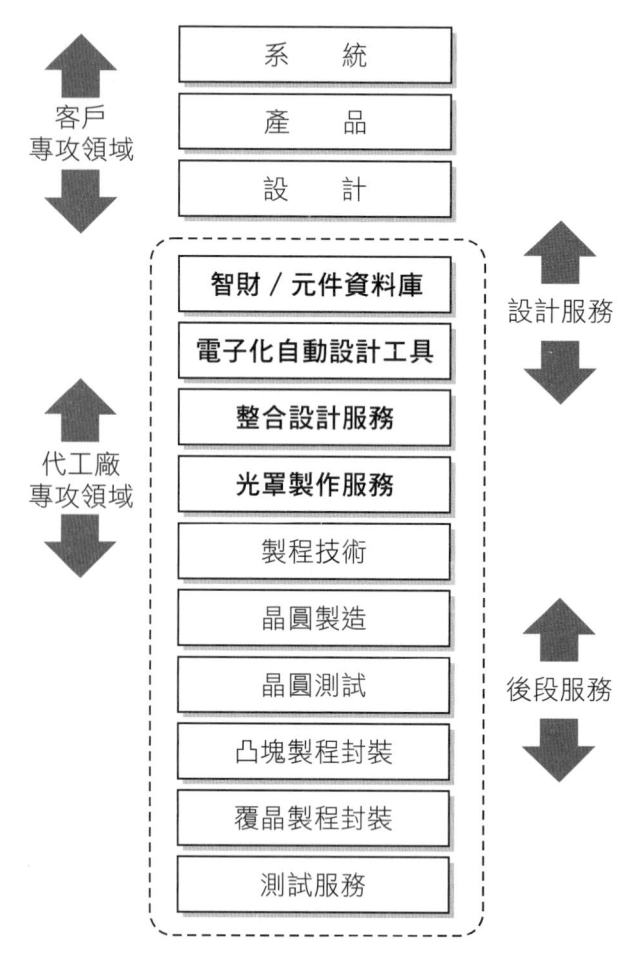

圖 1.6　代工廠之全面性服務體系

　　Foundry 以客戶服務的角度出發，競爭的重點明顯與 IDM 不同，Foundry 意在降低多數小型 Fabless 的進入門檻，以擴大適用客戶群，當客戶進入後，則希望以優越的服務增加其轉換成本以綁住客戶，而代工廠之代表就非台灣積體電路公司 (tsmc) 莫屬。

　　台積電在 1996 年之後轉型為服務導向企業，提出「虛擬晶圓廠」(Virtual Fab) 的願景，定位台積電是一個「虛擬晶圓廠」，策略目標是進一步強化與客戶間的緊密關係，建構長期競爭優勢，「虛擬晶圓廠」即是要讓客戶覺得相當於擁有自家晶圓廠的好處與便利，卻能免除客戶自行設廠所需的大筆資金及管理上的問題。

表 1.1 IDM 與 Foundry 價值鏈管理重點比較

比較構面	IDM 整合製造廠	Foundry 專業晶圓代工廠
提供客戶	IC 產品	IC 製造服務
製造中 IC 所有權	屬 IDM 所有	屬於客戶
供應鏈管理重心	垂直整合價值鏈的良好銜接	提供優質服務與良好客戶關係
產品系統設計	IDM	客戶
系統功能負責者	IDM	客戶
保證項目	產品品質與系統功能	產品製造品質與電性特性
供應鏈成功關鍵	產品設計能力、製程技術能力、產能供應能力	製程技術能力、產能供應能力、支援服務能力
與設計、封裝、測試等上下游關係	企業內部的其他部門	廠商間策略聯盟
競爭重點	推出市場所需產品	降低客戶進入門檻及增高轉換成本

代工廠製程技術的流程發展須 6 個月以上，加上設備調整的時間延滯，將導致極大的折舊壓力，因此生產的模式是「貨(訂單)依機器」，代工廠的製程彈性，在於製程事先依預測而備妥，而非接單後再調機器。由於代工廠的製程改變必須預先規劃，所以相當倚賴技術行銷能力，正確預估出市場所需的技術，並適時準備在那裡，即在變動的環境中，代工廠必須隨時掌握產品需求，以提供最符合的製造服務供給。代工廠的虛擬晶圓廠概念下的價值服務體系概念如圖 1.7 所示。

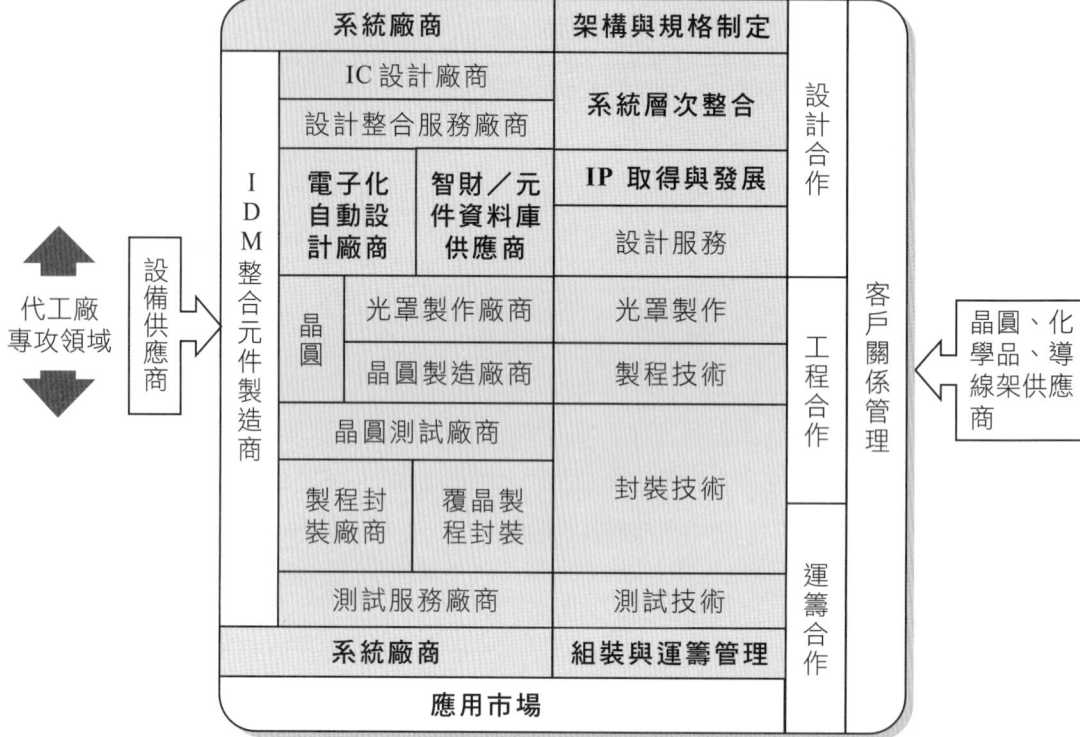

● 圖 1.7　產業價值鏈與代工廠價值服務體系

1.5　習題

1. 請畫出 n 型 MOSFET 之結構以及操作方式。
2. 請畫出 n 型 MOSFET 之 I_D-V_D 圖形。
3. 請畫出 1P4M 之邏輯積體電路結構圖。
4. 請畫出積體電路之製造流程由設計到出貨為止。
5. 請說明何謂 IDM 公司？
6. 請說明何謂 Foundry 公司？
7. 請說明為何半導體代工模式能夠成功。

晶圓下線 2

Wafer Tape Out

本章將由電路設計流程介紹開始,到之後的線路圖案佈局與後續的光罩開模,以及如何設計製程技術與相關元件,乃至製程變異之設計法則 (Design Rule)。

2.1 電路設計流程 (Design Flow)

圖 2.1 為數位電路之設計流程,設計者將客戶所需之產品功能,依據產品規格,將產品觀念具體化為電腦可接受之資料格式後,接著進行邏輯模擬,即對於所設計之電路,執行暫存器轉化層 (Register-Transfer-Level, RTL) 的邏輯功能性的數值與順序正確性驗證。之後再將所設計之設計輸入,依據所選定的製程元件庫或可編程元件進行編譯,而可產生一個對應元件庫的映射連線檔 (Netlist)。後續再針對電路合成後的電路模型,進行電路佈局 (Layout) 時序的初步驗證。接著將所採用的製程技術,及其所對應的元件,進行元件配置 (Place) 與繞線 (Route)。最後再將實際電路之時序模擬驗證後,確認所設計之電路無誤,即可下線 (Tape Out)。

10　積體電路製程設計、佈局規劃及測試

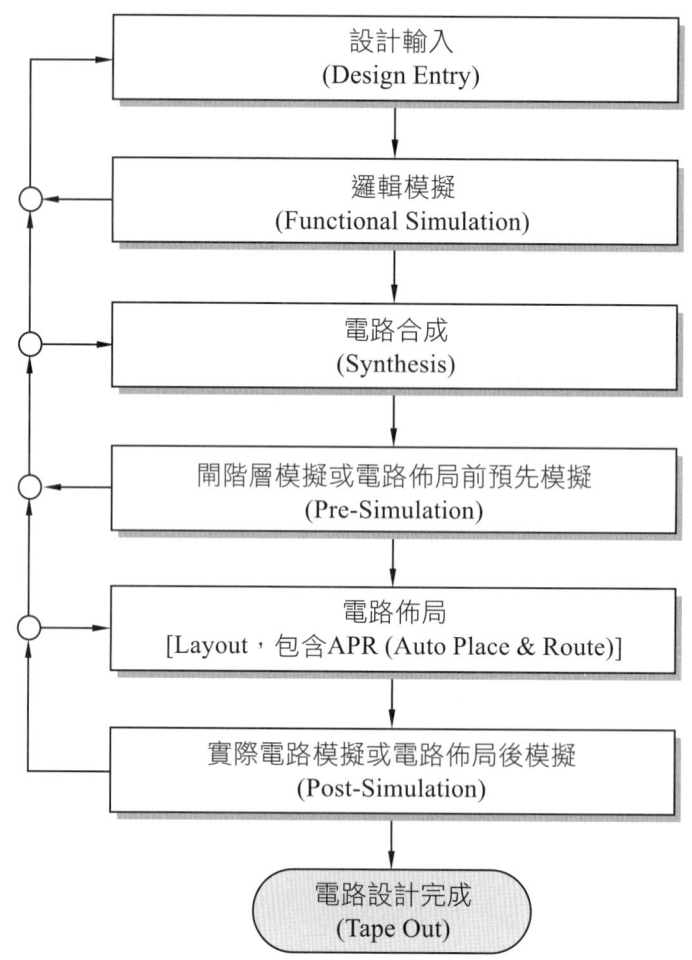

● 圖 2.1　數位電路設計流程

2.2　光罩製作申請表 (Mask Tooling Table) 與 IC Tape Out

　　當電路設計完成後，就要進行電路佈局 (Layout)，才能將線路層資料 (Drawing Layer Data) 送到光罩公司，依照工廠提供的光罩製作申請表 (Mask Tooling Table) 製作成所需要的光罩。表 2.1 為光罩製作申請表 (Mask Tooling Table)。一般是定義不同層次之間的線路之寬 (Width)、間距 (Spacing)、重疊 (Overlap)，以及延伸距離 (Extension) 的最小值 (Minimum Rule)。所以作為一元

表 2.1　光罩製作申請表 (Mask Tooling Table)

Mask No.	Description	Pattern Digitized Area	Field	Scribe Line Digitized	Mask Bias/Side Unit:μm	Align to	CD D.O.M. (μm) (W/S)	Mask Tooling Sequence
1	Diffusion	D	C	N	0	FLAT	0.3/0.4	1
2	STIAM	C	D	N	0	1	0.8/0.8	2
3	n-well	C	D	N	0	1	1.2/1.2	3
4	p-well	D	C	N	0	1	1.2/1.2	4
5	Poly 1	D	C	N	0.01	1	0.26/0.34	5
6	n+	D	C	Y	0	1	0.6/0.6	6
7	p+	C	D	Y	0	1	0.6/0.6	7
8	SAB	D	C	Y	0	1	0.6/0.6	8
9	Contact	C	D	N	0.01	1	0.34/0.6	9
10	Metal 1	D	C	N	0	9	0.32/0.32	10
11	Mvia 1	C	D	N	0	10	0.4/0.6	11
12	Metal 2	D	C	N	0	11	0.4/0.4	12
13	Mvia 2	C	D	N	0	12	0.4/0.6	13
14	Metal 3	D	C	N	0	13	0.4/0.4	14
15	Mvia 3	C	D	N	0	14	0.4/0.6	15
16	Metal 4	D	C	N	0	15	0.4/0.4	16
17	Mvia 4	C	D	N	0	16	0.4/0.6	17
18	Metal 5	D	C	N	0	17	0.42/0.54	18
19	Pad Window	C	D	Y	0	18	0.8/0.8	19

件設計者本身要對使用的製程元件，具備一定程度的了解 (即元件結構要能畫得出來)。再依照工廠的佈局法則 (Layout Rule) 和光罩製作申請表比對線路層資料轉換成製作光罩所需之資料。

　　所以，IC Tape Out 簡單的說就是 IC Layout 人員把 Layout 送到光罩廠，光罩廠做好光罩之後送到晶圓廠代工製造，例如台積電、聯電就是晶圓代工廠，有的晶圓廠也有製作光罩，晶圓做好之後送切割，然後再送測試廠測試等流程，回到公司後再由工廠測試，然後開始販售，但很少 IC 只要 Tape Out 一次就能

賣了，通常這個流程會走二到五遍，IC 的用語 Tape Out 第一遍會稱 A 版，第二遍稱 B 版，以此類推。

2.3 積體電路設計分類

IC 設計方法大致可分為全客戶式 (Full Custom) 與半客戶式 (Semi-Custom)，圖 2.2 為 IC 設計方法分類，全客戶式 (Full Custom) 是從構思 (Idea)、設計 (Design)、模擬 (Simulation) 到佈局 (Layout)，全部在「客戶自己的環境」完成。半導體代工廠 [如：台積電 (tsmc)、聯電 (UMC) 等] 將某一製程參數交給客戶後，客戶端從 IC 的最基本元件設計開始，直到整個 IC 設計完成。然後，半導體代工廠拿到客戶的設計檔案做出 IC。圖 2.3 為全客戶之電路設計流程。

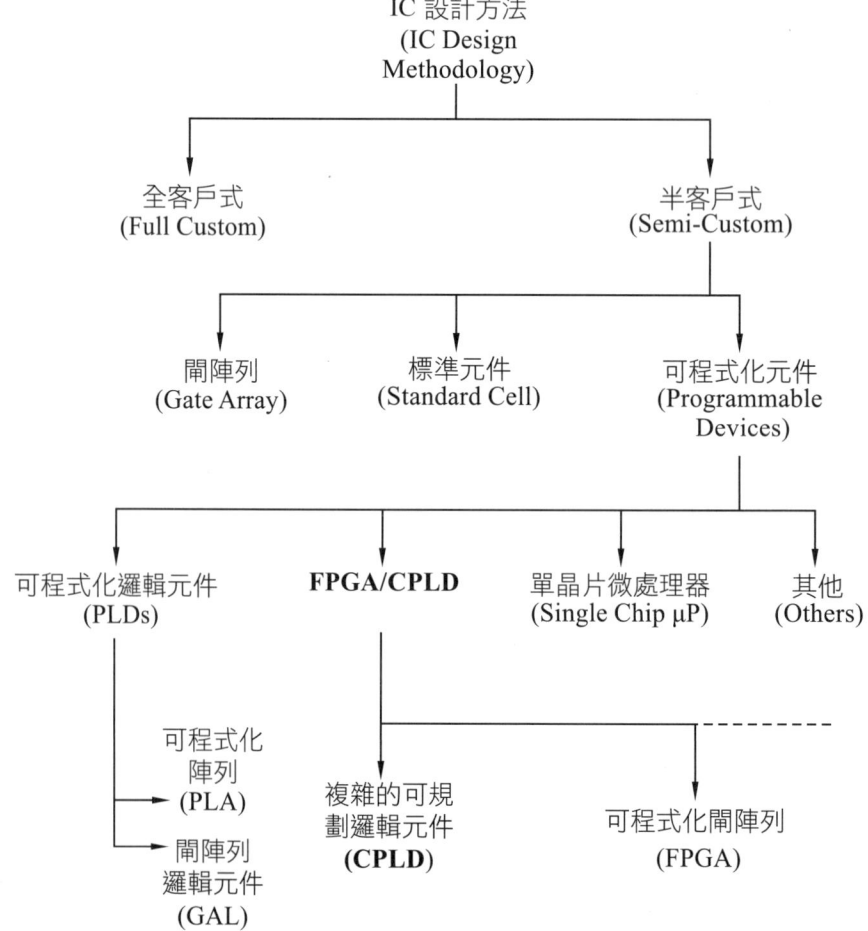

圖 2.2　IC 設計分類

半客戶式 (Semi-Custom) 則是有「一半」在客戶自己的環境完成。半客戶可分為下列幾種：

1. **閘陣列** (Gate Array)

   又可稱為 Sea of Gate。半導體代工廠除了將某一製程參數交給客戶之外，也可以提供一些已經完成常用到的 Cell。客戶只要將這些 Cell 做一些連線就可以完成。這種 Turn Around Time 最短。此類元件可說是 IC 的半成品。

2. **標準元件** (Standard Cell)

   Fab 廠除了將某一製程參數交給客戶之外，並將一些設計好的 Cell (如 NAND、NOT、OPA、ADC、DAC 等) 一起交給客戶，我們稱這一堆的 Cell 叫做元件庫 (Cell Library)。客戶也可以要求半導體代工廠提供所需的元件庫。

3. **可程式化邏輯元件** (Programmable Logic Device, PLD)

   一般設計電路時，大致上可分可使用標準晶片 (standard chip，如 TTL/CMOS，也就是 Discrete Component) 或應用規格晶片 (ASIC) 兩大類晶片來完成電路板的製作。其中應用規格晶片可分為可規劃邏輯晶片、閘陣列晶片、細胞元訂作型晶片及完全客戶訂作型晶片四類。然而，高效能 (High

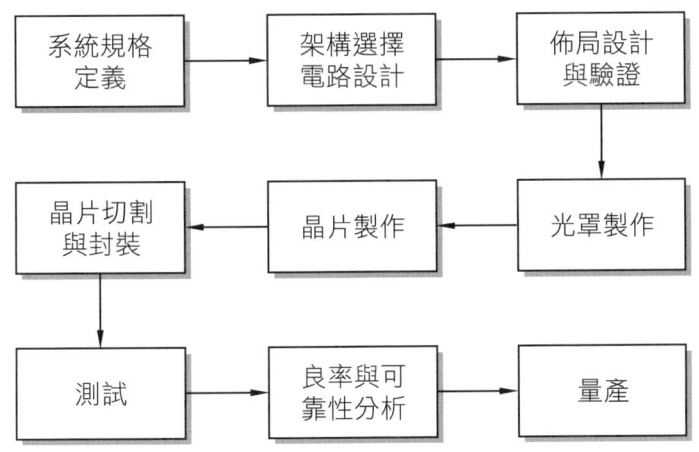

● 圖 2.3　全部積體電路設計流程

Performance)、高電路容積(High Density Logic Integration)、高經濟效益 (Greater Cost-Effectiveness)及短開發週期則是客戶要求製作產品所考量之四大因素。

可以讓設計者組成其邏輯電路功能的所有元件大都是 PLD 元件,它們包括:(1)簡單、低容積、20 接腳腳位的 PAL/GAL 晶片;(2)高容積、多接腳腳位的現場可規劃晶片 FPGA (Field-Programmable Gate Array);(3)高容積、多腳位的複雜型 CPLD (Complex PLD) 三大類。可規劃元件是一顆「可規劃」的 IC,客戶可以利用這一顆已經是半成品的 IC,將自己所需的功能藉助軟體輔助來模擬、驗證,最後將其程式透過燒錄器材利用電壓燒錄至 IC,就可以馬上拿到成品。這種設計方式是最快的。

2.4 晶片主要製作設計法則 (Design Rule)

當半導體代工廠開始著手下線之前,需提供給 IC 設計公司相關資訊,包含主要製程技術 (Key Process Technology),如表 2.2 所示為 0.25 μm 1P5M 之邏輯產品主要製程技術,其中包含元件之間的隔絕方法 (例如 STI, Triple Well)、閘極結構 (SiO$_2$ + Ti-Polycide),源／汲極之結構 (LDD, TiSi$_2$),以及後段製程方式 (TEOS/PEOS, TiN/Wplug, AlCu) 等技術。另外針對 0.25 μm 邏輯元件,工廠也會提供相關元件之主要電性特性,表 2.3 所示為 0.25 μm MOSFET 主要電性參數值。包含 MOSFET 之 V_{Th} (截止電壓)、$I_{d\,sat}$ (汲極飽和電流)、BV_d (崩潰電壓) 等電性。針對此電性所建立之元件模型 (Model) 也一併提供給客戶,如表 2.4 所示,即為 0.25 μm MOSFET 之主要元件模型由於元件會因製程變異而造成元件特性會有較快或較慢之特性差異,此些差異皆需考量。

最後,針對製程變異可能造成線路尺寸之差異,代工廠需提供主要線路之最小設計法則 (Key Design Rule) 給客戶,讓客戶在設計時避免因設計過小尺寸造成因製程變異導致線路失靈等後果,可以發現相關重要技術皆會影響元件特性,所以必須訂出製程容忍度即所謂製程可行性,所以對應出設計法則。表 2.5 所示為主要線路設計法則。

表 2.2 主要製程技術 (Key Process Technology)

• 0.25 μm, 1P5M
• P-sub, Triple-Well
• Shallow Trench Isolation
• Gate Oxide: Logic 50 Å
• Gate Material: Ti-Polycide Gate
• Logic *S/D* Material: Ti-Salicide
• Logic Gate n/p MOS: 0.25 μm/0.25 μm LDD (n/p MOS)
• ILD Planarization: APTEOS/PETEOS/PEOX (CMP)
• Vertical Interconnect: Ti/TiN/W-Plug
• Horizontal Interconnect: Al-Cu/TiN (ARC)
• Passivation: HDP/PSG/PESiN (Polyimide Option)

 表 2.3 主要電性參數 (Key Electrical Parameters)

	Parameter	Device Size (μm)	Typical	Spec. Low	Spec. High	Unit
LOGIC	$V_{th\_}n$	W/L=10/0.25	0.5	0.4	0.6	Volt
	$I_{d\,sat\_}n$	W/L=10/0.25	620	545	695	mA/μm
	BV_{d_n}	W/L=10/0.25	6	5.5	—	Volt
	$V_{TF\_}n$	W/L=50/0.55		6	—	Volt
	$V_{th\_}P$	W/L=10/0.25	0.5	0.7		Volt
	$I_{d\,sat\_}P$	W/L=10/0.25	235	325		mA/μm
	$B_{vd\_}P$	W/L=10/0.25	5.5	—		Volt
	$V_{TF\_}P$	W/L=50/0.55	6	—		Volt
	$V_{th\_}$	W/L=10/0.32	0.35	0.75	0.95	Volt
	Id_{sat_N}	W/L=10/0.32	200	245	315	mA/μm
	BV_{d_n}	W/L=10/0.32	8	7	—	Volt
	$V_{TF\_}n$	W/L=50/0.55		7	—	Volt

表 2.4　主要元件模型 (Key Device Model)

LOGIC

nMOS $V_{GS} = V_{DS} = 2.5$ V, $V_{BS} = 0$ V				pMOS $V_{GS} = V_{DS} = -2.5$ V, $V_{BS} = 0$ V			
Model	Device Size W/L (μm)	I_{dsat} (mA/μm)	Difference	Model	Device Size W/L (μm)	I_{dsat} (mA/μm)	Difference
T/T	10/0.24	620.3	0.0%	T/T	10/0.24	200.1	0.0%
S/S	10/0.24	544.9	−12.2%	S/S	10/0.24	238.7	−14.8%
F/F	10/0.24	695.7	12.2%	F/F	10/0.24	322.1	15.0%
S/F	10/0.24	341.2	−6.37%	S/F	10/0.24	300.8	7.4%
F/S	10/0.24	656.4	5.8%	F/S	10/0.24	259.8	−7.3%

INVERTER speed (fanout = 1 V_{dd} = 2.5 V)

Delay Time (ps)	Device Size (μm)	−55°C		27°C		135°C	
		1.25 V	2.5 V	1.25 V	2.5 V	1.25 V	2.5 V
T/T	NMOS W/L 5/0.24	92.35	33.45	104.86	40.23	116.4	47.39
S/S		115.29	37.49	130.3	45.49	143.91	54.14
F/F		73.04	30.77	88.58	36.63	00.24	42.6
S/F	PMOS 10/0.24	92.06	33.76	105.16	40.52	117.13	47.41
F/S		95.77	33.44	107.63	40.24	118.18	47.64

註：T：typical，S：slow，F：fast

 表 2.5　主要線路設計法則 (Key Design Rule)

	Line/Spacing, μm	Pitch (Contacted), μm
Diffusion	0.30/0.40	0.70
N + To P + Spacing (Logic)		1.20
N + To P + Spacing (DRAM)		1.80
Poly (Logic)	0.24/0.36	0.60
Poly (DRAM)	0.32/0.38	0.70
Contact	0.32/0.40	0.72
Metal 1	0.32/0.32	0.64
Metal 2, 3 & 4	0.40/0.40	0.80
Via 1, 2, 3 & 4	0.40/0.40	0.80
Metal 5 (or Top Metal)	1.78/1.78	3.56

2.5 習題

1. 請說明數位電路設計流程。
2. 請說明 Mask Tooling Table 目的？
3. 請說明何謂全客戶式 (Full Custom) 之 IC 設計方法。
4. 請說明何謂半客戶式 (Semi-Custom) 之 IC 設計方法。
5. 請說明 IC 設計之分類。
6. 請說明製程技術之主要參數？
7. 請說明半導體 MOSFET 元件之主要電性參數。
8. 請說明何謂元件模型 (Model)。
9. 請說明積體電路之製程設計法則。

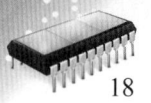

製作流程與佈局設計 3

Process Flow and Layout

本章將針對積體電路製作流程,說明如何設計各種半導體製程模組之流程設計,以及製程設計時需注意之相關事項。

3.1 積體電路製作流程 (Process Flow)

空白晶圓製造出片後,晶圓上還沒有任何的功能,所以必須經過積體電路製程,才可算是一片可用的晶圓。圖 3.1 是積體電路製程的示意圖,我們可以看到晶圓投片後,即經過四大模組 (Module),即薄膜沉積 (Thin Film Deposition) 後、微影 (Lithography)、擴散 (Diffusion) 與蝕刻 (Etching),最後藉由金屬化 (Metallization) 來完成積體電路。接下來需再經過測試、切割以及封裝 (Packaging) 才可出品。圖 3.2 為詳細之積體電路流程圖。

薄膜沉積 (Thin Film Deposition) 後,經由微影製程的技術,是在晶片的表面上覆上一層感光材料光阻,利用光源的平行光,透過光罩打在這層感光材料上。因為光罩上有 IC 佈線的圖案,因此透過光罩的光會在感光材料上,顯示出 IC 佈線的影像,這個步驟稱為曝光 (Exposure)。此時有兩種做法,每一種做法需使用不同特性的感光材料,第一種做法圖案上透光的部分是佈線圖形,而另一種做法是圖案上不透光的部分才是佈線圖形。由微影製程所形成的光阻圖案,並不是元件的最終圖形,僅是電路圖形的複製而已。為了加強光阻覆蓋的特性,

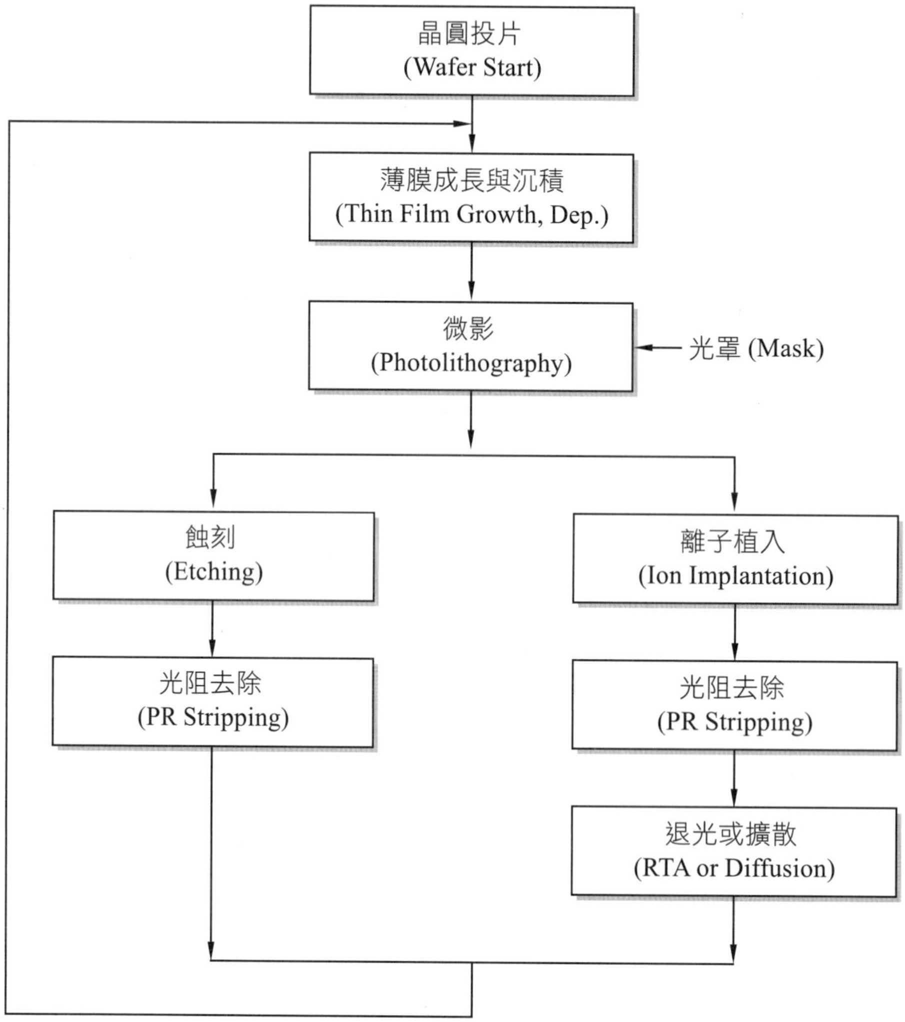

20 積體電路製程設計、佈局規劃及測試

```
晶圓投片 (Wafer Start)
    ↓
薄膜成長與沉積 (Thin Film Growth, Dep.)
    ↓
微影 (Photolithography) ← 光罩 (Mask)
    ↓
┌───────┴───────┐
蝕刻              離子植入
(Etching)        (Ion Implantation)
    ↓               ↓
光阻去除           光阻去除
(PR Stripping)   (PR Stripping)
                    ↓
                退光或擴散
                (RTA or Diffusion)
```

▶ 圖 3.1　積體電路製程示意圖 (Schematic Diagram of IC Process)

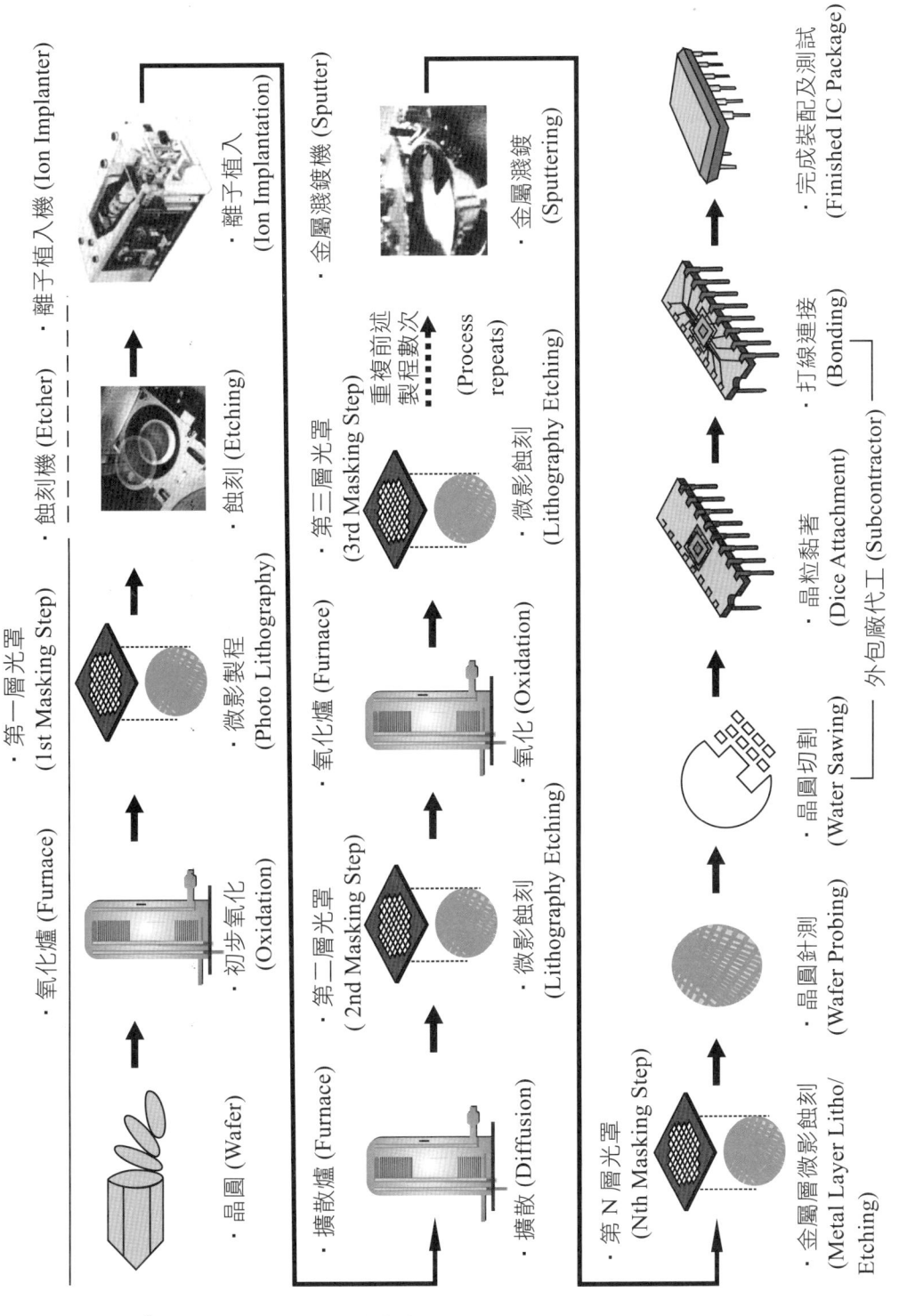

▶ 圖 3.2　積體電路生產流程 (Integrated Circuit Process Flow)

使得圖案的轉移有更好的精確度，圖 3.3 為光微影製程之步驟，整個光微影製程包含了七個細部動作：(1) 表面清洗；(2) 塗底 (Priming)；(3) 光阻覆蓋；(4) 軟烤 (Soft Bake)；(5) 曝光；(6) 顯影；(7) 硬烤。接下來摻雜工程 (Doping) 在半導體工業上主要是藉由離子植入 (Ion Implantation) 將摻質 (Doping) 原子植入半導體晶片中。而另一種摻雜工程是以擴散的方式可以藉由單一的操作程序，並且可同時處理大約 200 至 250 個晶片，它的優點是可產生較小的逆向接面漏電流、高品質的 p-n 接面，以及較小的晶格破壞，所以，也常被廣泛地使用。圖 3.4 為摻雜工程的施行方式與分類。另外，蝕刻工程 (Etching) 即指經由乾、濕的物理作用或化學反應之過程去除工作上某特定區域上之薄膜。在微影步驟完成之後，光罩的圖案被複製在光阻層上，再應用蝕刻去除光阻層上不要的部

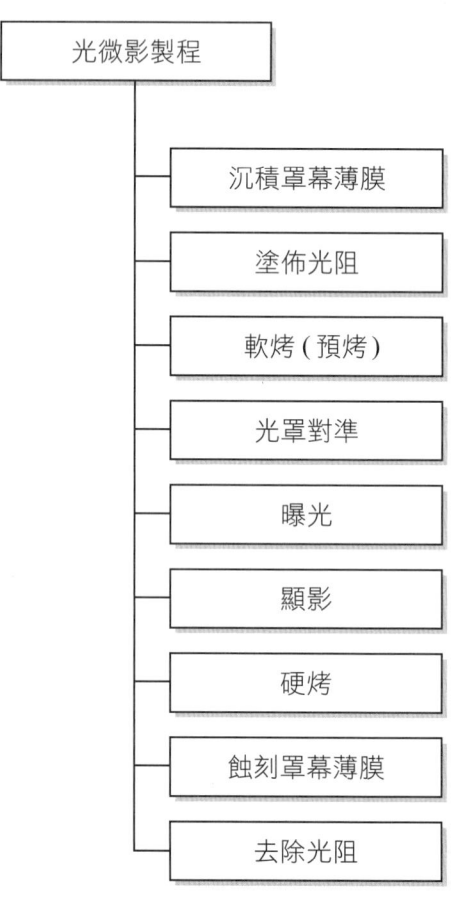

圖 3.3　光微影製程之步驟

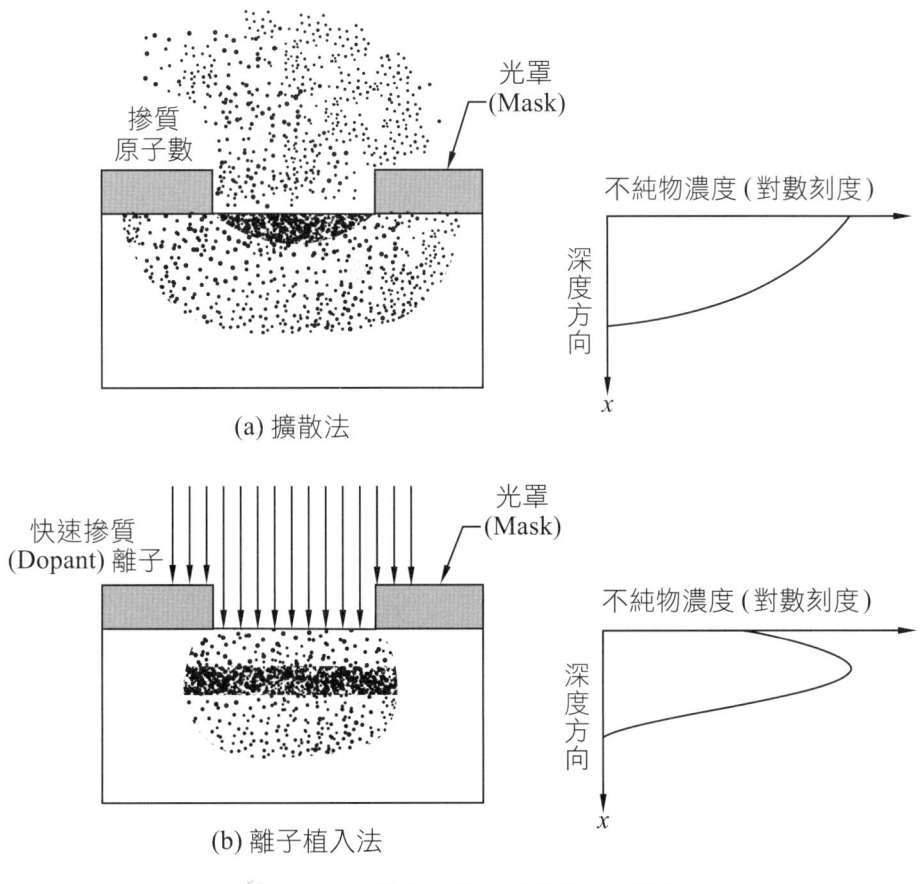

● 圖 3.4　摻雜工程：擴散與離子植入

分，以便進行下一步加工。目前在半導體製程上有兩種蝕刻的方法，圖 3.5 為蝕刻製程步驟與分類，而兩者的差別取決於蝕刻劑為液態溶液或氣體。值得注意的是，乾式蝕刻屬於非等向性 (Anisotropic)，所以蝕刻後之圖案會較易忠於原光罩圖案，比起濕式蝕刻屬於等向性 (Isotropic) 較易控制圖案原貌。最後元件之連接是藉由金屬連線 (Metallization) 完成，即是在各微小元件之間建立彼此連接的線路。在金屬化製程裡所選用的金屬必須要有低電阻質，容易加工處理，我們一般所使用的是鋁、銅、鎢這類的金屬材料，而金屬連線間的絕緣層則多半是使用二氧化矽，若使用鋁 (Aluminum)，即在高度真空下，將鋁 (Aluminum) 加熱並蒸發為氣態，如此氣態鋁便可均勻地蒸鍍於晶圓上。圖 3.6 為傳統鋁／二氧化矽結構圖。若使用銅 (Copper)，因銅容易氧化，即需用電鍍法 (Plating) 沉積並以嵌入式 (Damascene) 方式完成，圖 3.7 為銅／低介電質結構圖。由於線

寬技術的縮小化,以及各種新材料的引進所增加的複雜性,使得我們在金屬連線製程上必須引進一些材料,來讓可靠度提高,例如鈦化鎢、氮化鈦、鈦等多種金屬化合物。

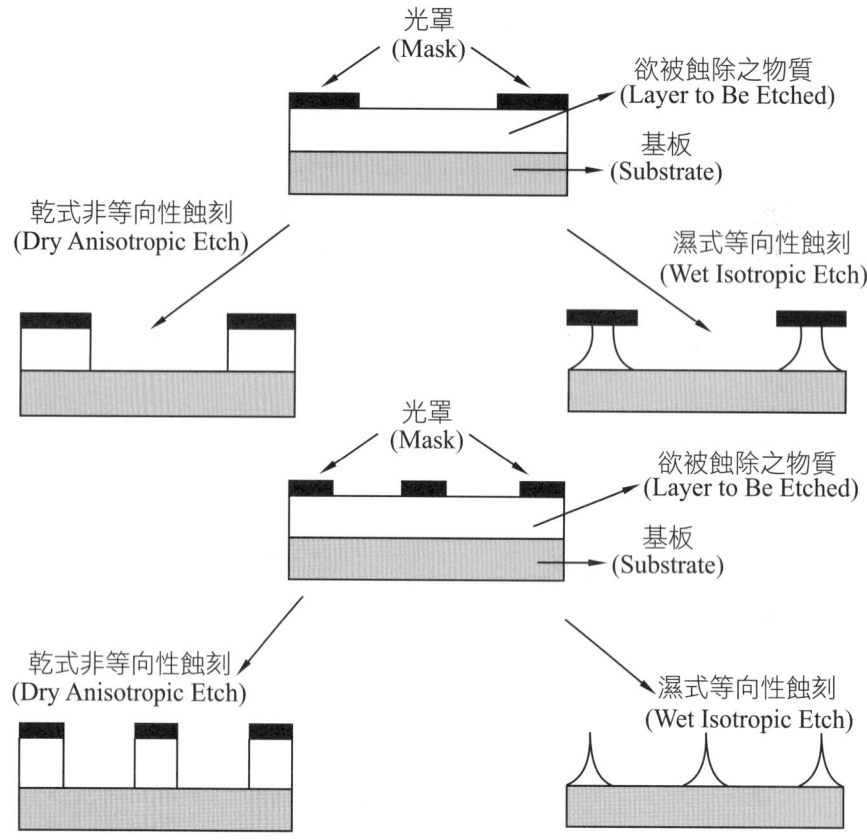

圖 3.5 濕式蝕刻與乾式蝕刻

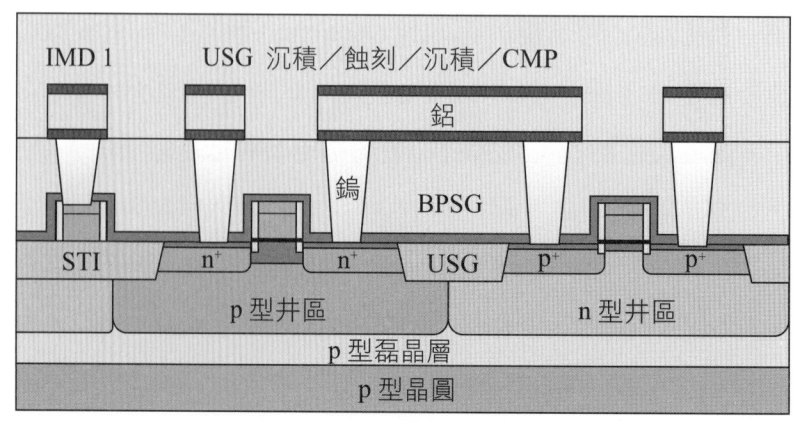

圖 3.6 鋁／二氧化矽之結構圖

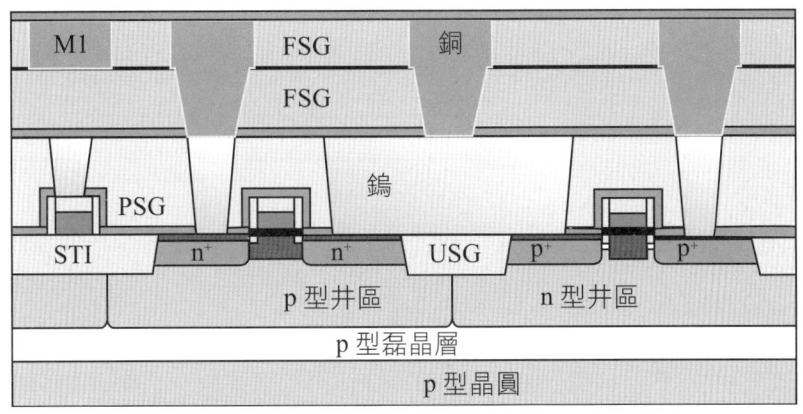

● 圖 3.7 銅／低介電常數材料之結構圖

3.2 前段製作流程 (Front-End Process Flow)

以積體電路製程來看，大致可分為前段製程 (Front-End process) 以及後段製程 (Back-End Process) 兩部分，圖 3.8 所示為 CMOS 反相器前段與後段製程示意圖。前段製程主要指由晶圓下線到 MOSFET 元件製作完成為主；而後段製程即指將各 MOSFET 以內接線 (Interconnection) 方式接連一起為止。前段製程大致可分隔離與 MOSFET 元件製作；而後段製程主要分傳統鋁線／二氧化矽，以及先進銅線／低介電質兩類製程。圖 3.9 所示為前段製程包含之相關製程模組與最後結構圖；圖 3.10 為後段製程之最後結構圖。

3.2.1 隔離 (Isolation)

首先在晶圓下線後，需先將製作元件之區域 (Active Region) 劃分出來，即以隔離方式來分割，包含淺溝槽 (STI) 與雙位井 (Twin Well) 製程。

在同一半導體基板上製作複數個元件時，元件之間不應造成相互的影響 (即寄生效應)，因此必須在電性 (電流或電壓) 上加以分離，這也就是所謂的元件分離 (Isolation)。STI 則為 Shallow Trench Isolation (淺溝槽隔離法) 的簡稱，圖 3.11 為 STI 之製作流程，首先形成氧化層與氮化層，依次除去分離區域部分中的氮化層與襯墊氧化層，並在其正下方的矽中掘一道淺溝 (Trench)，將矽基板

1. 前段 (Front-End)——MOS 製作
→完成 MOS 所有的必要條件
Vin
Vcc
GND
pMOS
nMOS
Vout
2. 後段 (Back-End)——金屬連線製作
→MOS 間的連線及 ICs 對外的連結開口
B
C
pMOS
nMOS
A

反相器
(CMOS)
第二層金屬
(Metal-2)
B
A
C
第一層金屬
(Metal-1)
管洞
(Via)
接觸窗
(contact)
淺溝槽
(STI)
源／汲極
(S/D)
源／汲極
(S/D)
n-型
pMOS
nMOS

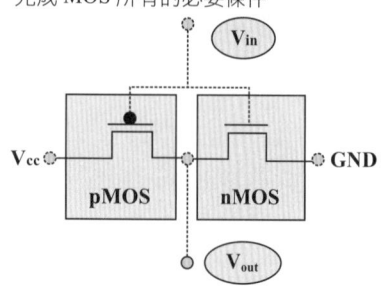

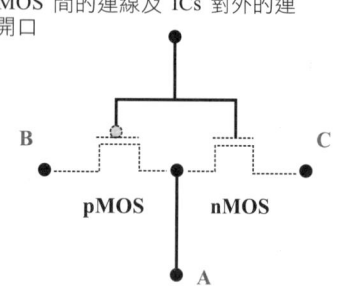

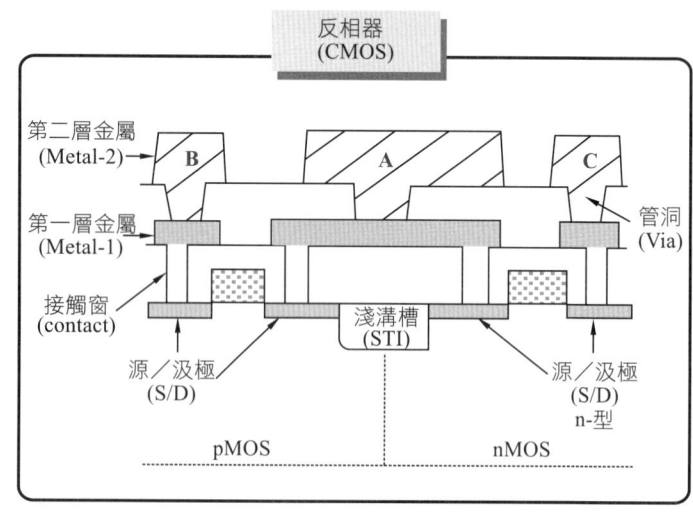

圖 3.8　CMOSFET 反相器之前後段製程示意圖

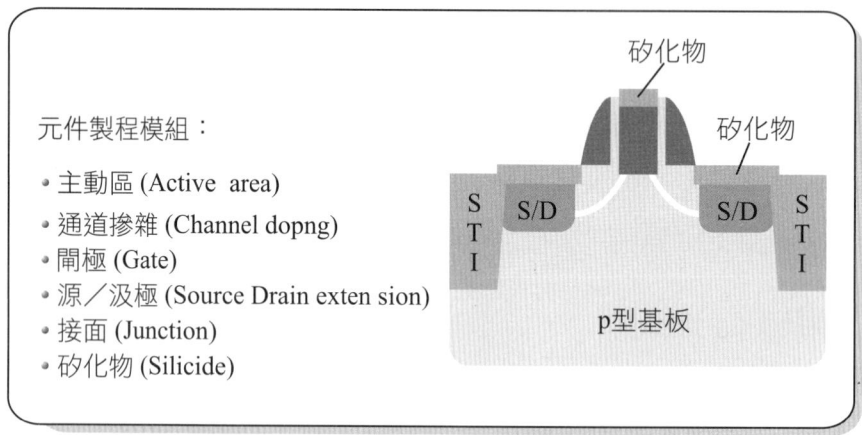

元件製程模組：
• 主動區 (Active area)
• 通道摻雜 (Channel dopng)
• 閘極 (Gate)
• 源／汲極 (Source Drain exten sion)
• 接面 (Junction)
• 矽化物 (Silicide)
矽化物
矽化物
STI
S/D
S/D
STI
p型基板

圖 3.9　積體電路前段製程完成之最後結構圖

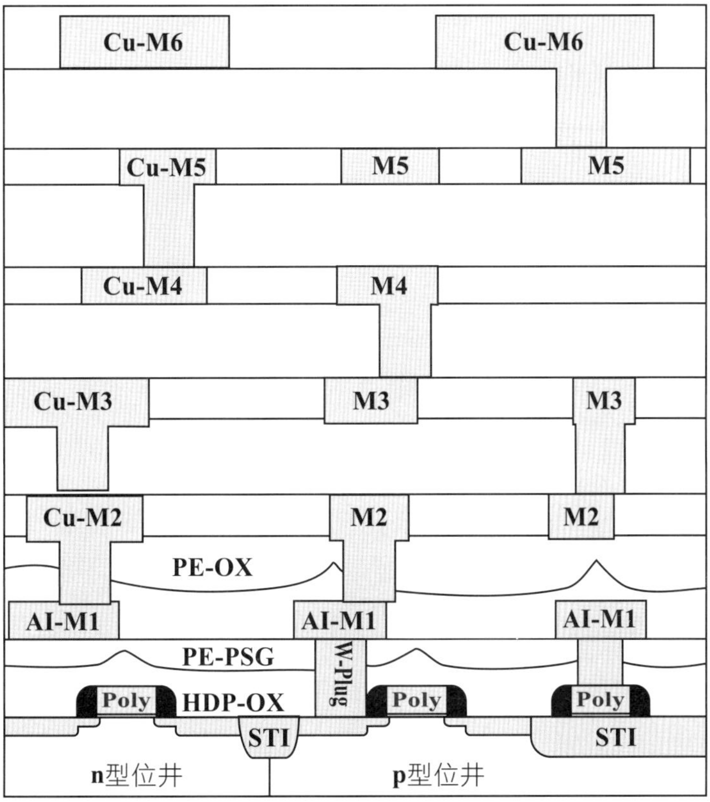

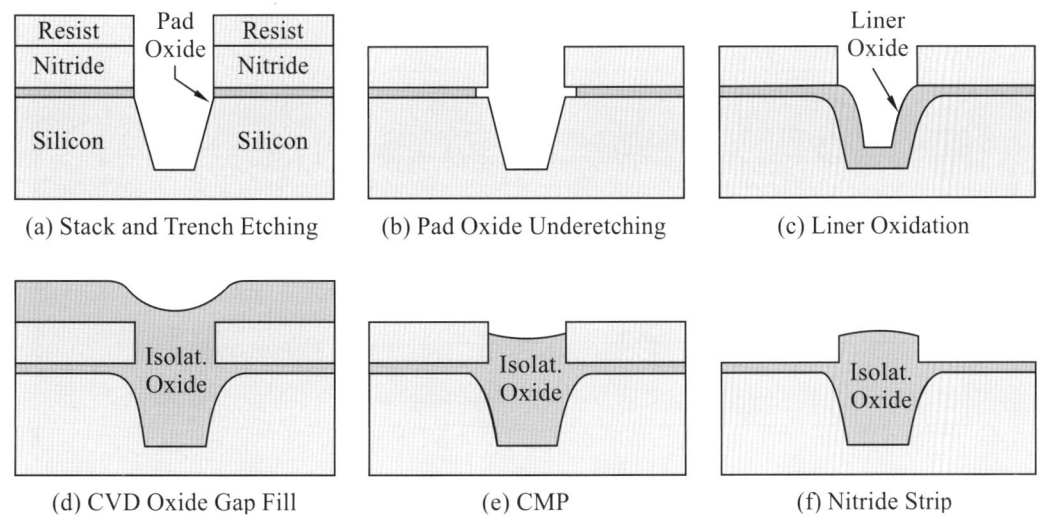

圖 3.10　積體電路後段製程完成之最後結構圖

圖 3.11　STI 製作流程

暴露於高溫的氧氣中，在淺溝槽的內壁形成一層薄氧化層；其次，使 SiH_4 氣體與氧氣 O_2 反應，堆積出一層厚的氧化層將淺溝予以填補，使基板表面平坦化，將殘餘的氮化層予以去除，便可獲得埋設於矽基板表面上的分離用氧化層，由於 STI 之方法能夠獲得更為平坦的表面，能夠實現細微的分離幅度，分離能力高，因而為現今較先進的元件分離方式。

3.2.2　位井製程 (Well Engineering)

基本的 MOS 晶片位井 (Well) 製造過程。製作良好 CMOS 的科技，需要 nMOS 和 pMOS 電晶體建立在同一個晶片上。這些地區叫做位井 (Well)。一個 p-well 建立在 n 型態的結構上或是 n-well 建立在 p 型的結構上，兩者只能取其一。在基本的 n 位井 CMOS 製造技術裡，nMOS 電晶體被建造在 p 型的基板裡，並且 nMOS 電晶體被建造在 p 位井裡面，嵌入於 p 型的基板裡，較先進之 CMOS 雙位井 (Twin Well) 製造技術裡，pMOS 電晶體被另外建造在 n 位井裡面，與基底相同型態的附加位井也能夠創造最佳的隔絕特性。圖 3.12 顯示出單一 n

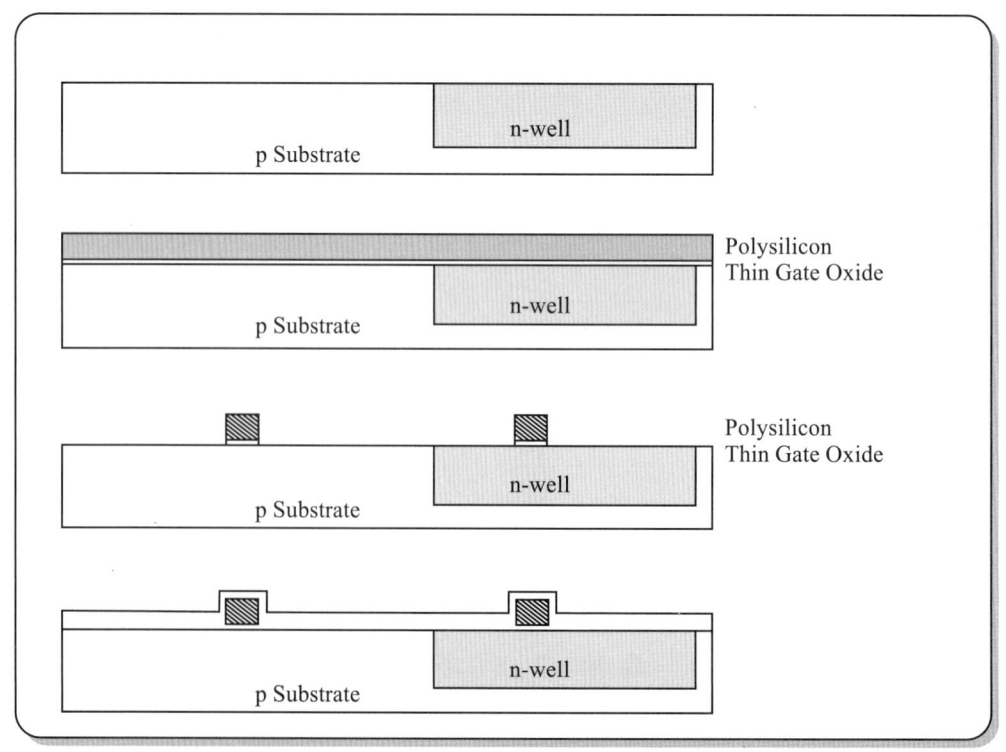

圖 3.12　簡化之單一 n 位井之 CMOS 製作流程

位井之 CMOS 製作流程，簡化了製造 n-well 互補金器半導體物件與單多晶矽 layer 電路結合的製造過程。注意各個處理步驟要求遮蔽物質 (Mask) 被定義在特定的晶片上。因此，整體電路會被視為一套由摻雜的矽、多晶矽、金屬和絕緣的二氧化矽的多層仿造。圖 3.13 為較複雜之 STI 與 Twin Well 所需之光罩圖，以及完成後之側面結構圖。可以發現，n 與 p 位井實際上可同時產生，只有定義對調即可。

3.2.3　電晶體的製作 (Transistor Fabrication)

圖 3.8 已呈現了一個 n 型與 p 型 MOSFET 合成之互補式 (Complementary MOSFET) 電晶體的剖面圖。MOS 這個名字其實是個當初像這樣的電晶體：由金屬 (Metal)、矽氧化物 (Silicon Oxide) 和半導體基座 (Semiconductor Substrate) 共三層構成的三明治結構，其中由金屬層構成電晶體的閘極。即使現今一般電晶體的閘極已改用複晶矽 (Polysilicon)，大家還是使用 MOS 這個名字。不過，在 45 nm 世代之元件又改回金屬閘極 (Metal Gate)。圖 3.14 為 n 型金氧半場效電晶體之

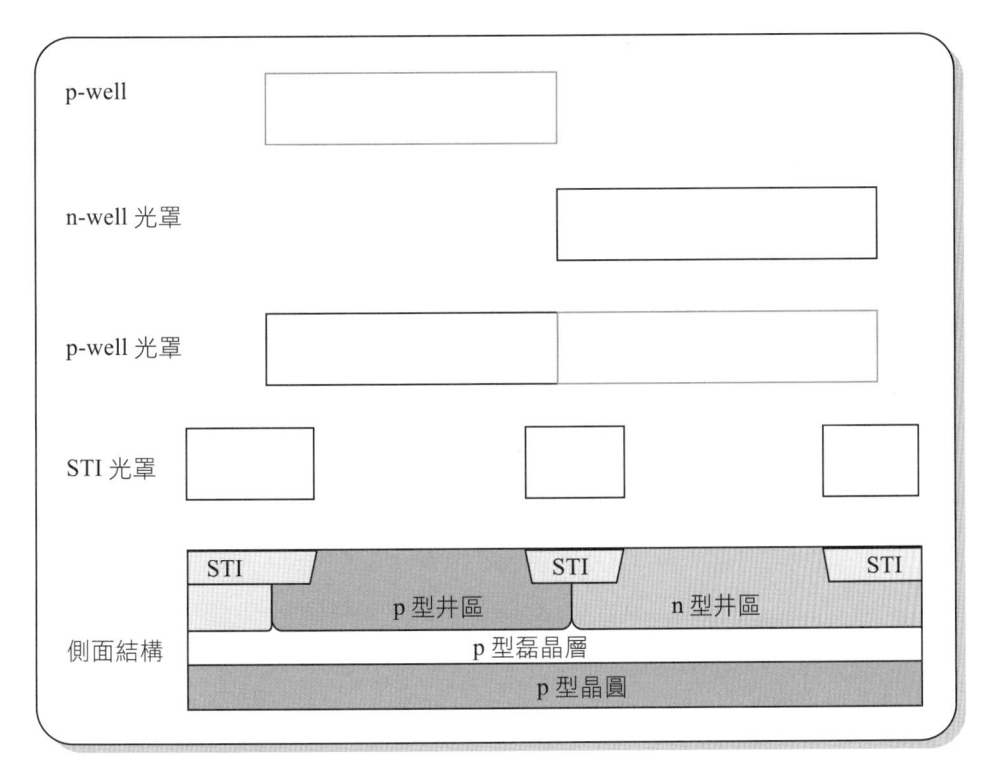

◉ 圖 3.13　STI 與 Twin Well 光罩以及側面結構圖

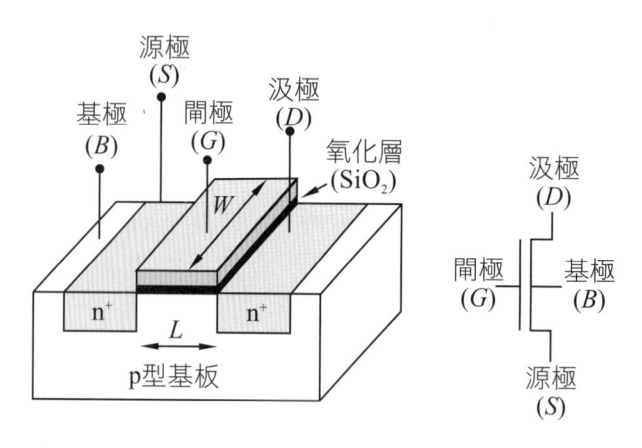

圖 3.14　n 型金氧半場效電晶體之結構圖與符號

結構圖與符號，一個 n 型電晶體是被鑲在 p 型基板上，使用 n 型擴散區導線與複晶矽交接做成的，在交接處的區域我們稱之為「通道」(Channel)，是電晶體的工作區，通道連接兩個 n 型擴散區導線，這兩個 n 型擴散區導線便形成了電晶體的源極 (Source) 與汲極 (Drain)，但通道本身所摻雜的卻是 p 型雜質。在通道上作為絕緣的矽氧化物稱做「閘氧化層」(Gate Oxide)，它比起場氧化層 (Field Oxide) 的厚度薄了許多，有這樣薄的氧化層對電晶體成功的運作而言是相當重要的。p 型電晶體也有著相同的結構，但在材質上卻有互補的對稱性：在圖 3.15 為 p 型金氧半場效電晶體之結構圖與符號中交換 p 和 n 的角色，你就可以得到一個 p 型電晶體的結構圖。p 型電晶體的導通是因為在 n 型通道中形成了電洞組成的反轉層，因此為了導通電晶體的電流，閘極到源極的壓差 (Gate-to-Source Voltage) 必須是個負值。

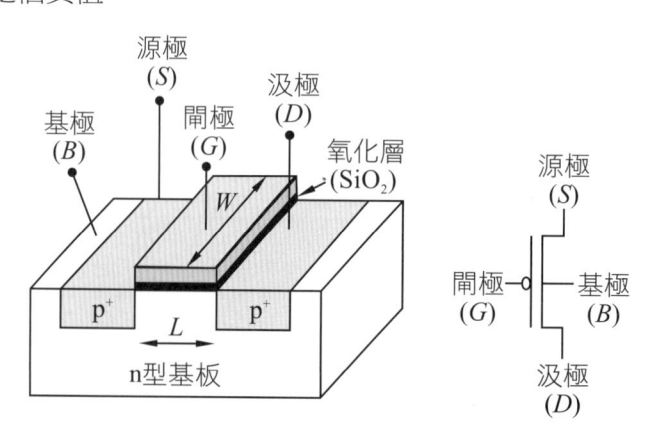

圖 3.15　p 型金氧半場效電晶體之結構圖與符號

圖 3.16 為最後變成之 CMOSFET 之結構圖，由於源極與汲極是經由自動對準 (Self-Align) 的過程來完成，相關之光罩佈局示意圖如圖 3.17 所示。

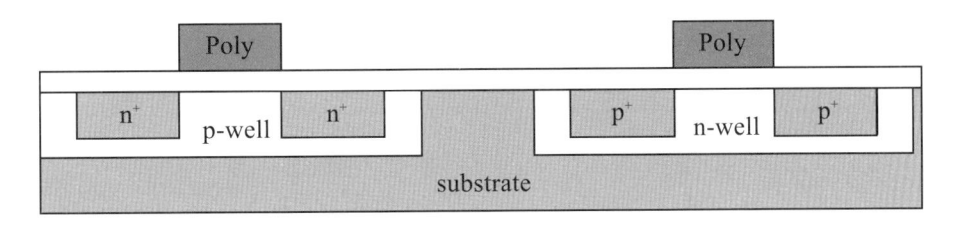

◉ 圖 3.16　CMOSFET 之最後結構圖

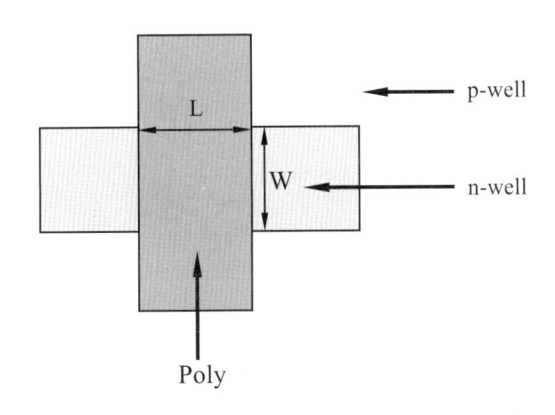

◉ 圖 3.17　電晶體自動對準所完成之光罩示意圖

3.2.4　後段製程 (Back-End Process)

後段製程是將前段製程已完成之金氧半場效電晶體 (MOSFET) 經由金屬化 (Metalization) 之方法將 MOSFET 透過內接線 (Interconnection) 方式連結起來形成整合電路 (integrated circuit, IC)，而內接線之方式有以下這些結構：一為由源汲極或閘極接出到第一層金屬層 (Metal 1) 稱之為接觸窗 (Contact)，圖 3.18 為元件接連到金屬層之方式；另一為由金屬層相互連結的方式，是透過所謂管洞 (Via) 之結構完成。圖 3.19 為金屬層間之連接方式。

而最後整體金屬接線完成結構即如前面圖 3.6 與圖 3.7 所示。

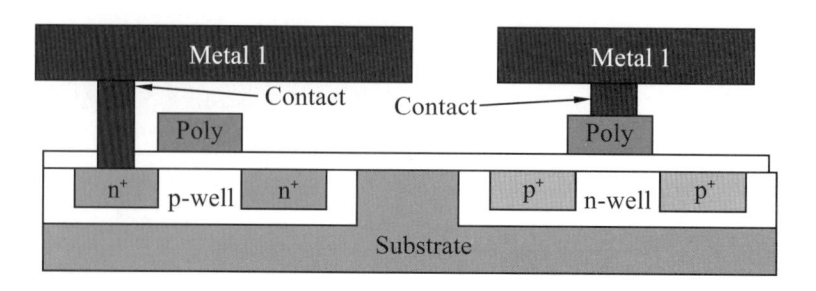

◉ 圖 3.18　元件接連到金屬層之接觸窗結構

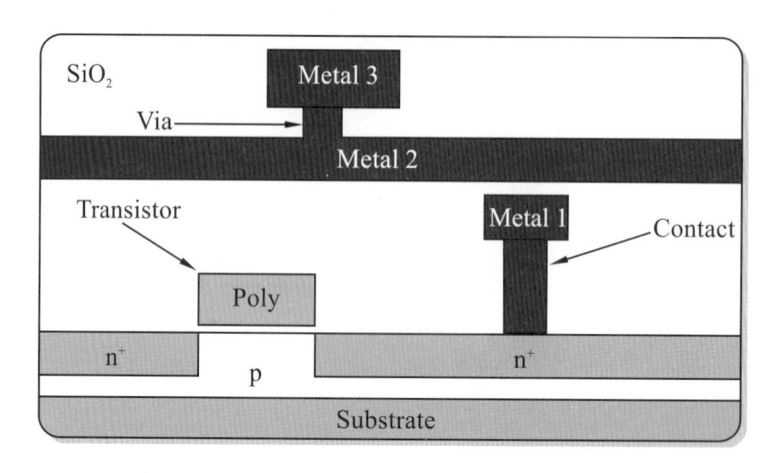

◉ 圖 3.19　金屬層間互相連結之管洞結構圖

3.3　CMOS 反相器 (Inverter) 設計與佈局

　　反相器是常被元件設計師 (Designer) 用來驗證元件好壞之方法，反相器主要用互補式 MOS 來設計，如圖 3.20 所示即為 CMOS 之反相器結構圖。

3.3.1　CMOS 原理

◎加強型 MOS

　　MOSFET 其結構是金屬、氧化物、矽半導體層層重疊而得。其中氧化物 (SiO_2) 是作為絕緣體之用，金屬主要是用來傳遞訊號，矽半導體則構成電晶體的主要部分。矽半導體可分成 n 型與 p 型，MOS 也因此分成 nMOS 與 pMOS。以下將簡單介紹這兩極 MOS 的結構特性與操作模式。

▶ 圖 3.20　(a) n 型電晶體結構圖；(b) 與 (c) 為 n 型電晶體的電路符號

(1) nMOS

圖 3.20 是基本結構圖。源極與汲極透過金屬與 n 型半導體區域相接，但閘極與通道之間有一薄的絕緣體 (SiO$_2$) 阻隔。在 MOS 製作剛完成之時通道是不存在的，而它的存在與否視閘電壓 (V_{GS}) 的大小而定。基體 (Body) 通常是電路與電路的最低電壓相接。在 $V_{DS} > 0$ 時，若 $V_{GS} > 0$，使得閘極與汲極相對於源極為正電位，閘極之正電位將使得 p 型基體的電洞沿著 SiO$_2$ 邊緣離開此區域，造成電子往這一區域靠攏而累積。當 V_{GS} 繼續增加，電子集結的區域慢慢擴大，靠近 SiO$_2$ 表面的電子濃度持續增加直到最後汲極電流 (I_D) 能明顯增加時，通道於是建立起來，這時 V_{GS} 的電壓稱為臨界電壓 (V_{th})。

隨著 V_{GS} 增加超過臨界電壓，感應通道自由載子的密度將增加，汲極電流也增加。當我們將 V_{GS} 固定，V_{DS} 持續增加時，汲極電流將會持續增加而保持定值，稱為飽和 (Saturation)。若 V_{DS} 再持續增加將會導致崩潰 (Break Down) 情況發生。在 $V_{GS} > V_{th}$ 的條件下，當 $V_{DS} = V_{GS} - V_{th}$ 時，MOS 剛好達到飽和狀態的條件，若 $V_{DS} > V_{GS} - V_{th}$，MOS 就進入飽和區工作。如果 $V_{DS} < V_{GS} - V_{th}$，那麼 MOS 便在線性

區工作。反過來說，若 $V_{GS} < V_{th}$，MOS 就工作在截止區，此時通道截止且無電流通過，可視為開關在開路的狀態。

總而言之，在 $V_{GS} < V_{th}$ 時，MOS 不導通，因此汲極電流 I_D 為 0 mA；在 $V_{GS} > V_{th}$ 時，MOS 開始導通，汲極電流與閘源極電壓的關係式可以表示成：

$$I_D = \frac{1}{2}(\mu C_{ox})(\frac{W}{L})(V_{GS} - V_{th})^2$$，當 MOS 飽和時 ($V_{DS} > V_{GS} - V_{th}$)

$$I_D = (\mu C_{ox})(\frac{W}{L}) \cdot [(V_{GS} - V_{th})V_{DS} - \frac{1}{2}V_{DS}^2]$$，當 MOS 在線性區時 ($V_{DS} < V_{GS} - V_{th}$)

從上式我們了解，當 $\frac{W}{L}$ 值越大，所能流通的電流就越大，使你設計的電路速度變快，當然面積也會稍微大。通常一開始著手你的設計時，會先採用最小的尺寸來設計，再根據速度的要求來調整 MOS 的長寬 (L/W) 比值。在數位積體電路中一般的 MOS 只在截止區與飽和區兩區域切換工作，因此在學習設計 CMOS 積體電路時都習慣將 MOS 當成開關來使用。

(2) pMOS

圖 3.21 是 pMOS 的基本結構圖。它與 nMOS 剛好相反，也就是 pMOS 是架構在 n 型基體上面，通道由帶正電的電洞累積而成，因此 pMOS 的速度會比 nMOS 還來得慢。所以，在設計上為求得上升時間 (Rise Time) 和下降時間 (Fall Time) 能夠相近，我們會將 pMOS (W) 設計得比 nMOS 還寬。pMOS 端點的命名仍然與 nMOS 相同，但所有電壓極性與電流方向是與 nMOS 相反。不過，關係式子仍然可用，只是此時的 V_{th} 是 p 型電晶體的臨界電壓。當 $V_{GS} < V_{th}$ 時，電晶體才開始導通，下式即可成立。

$$|I_D| = \frac{1}{2}(\mu C_{ox})(\frac{W}{L})(|V_{GS}| - |V_{th}|)^2 \text{，當 MOS 飽和時 }(|V_{DS}| > |V_{GS}| - |V_{th}|)$$

$$|I_D| = (\mu C_{ox})(\frac{W}{L})[(|V_{GS}| - |V_{th}|)|V_{DS}|] - \frac{1}{2}|V_{DS}|^2 \text{，當 MOS 在線性區時}$$

$|V_{DS}| < |V_{GS}| - |V_{th}|$

nMOS 的電流電壓曲線如圖 3.22 所示。其中虛線部分是 $V_{DS} = V_{GS} - V_{th}$ 的曲線，也是區分線性區與飽和區的分界線。

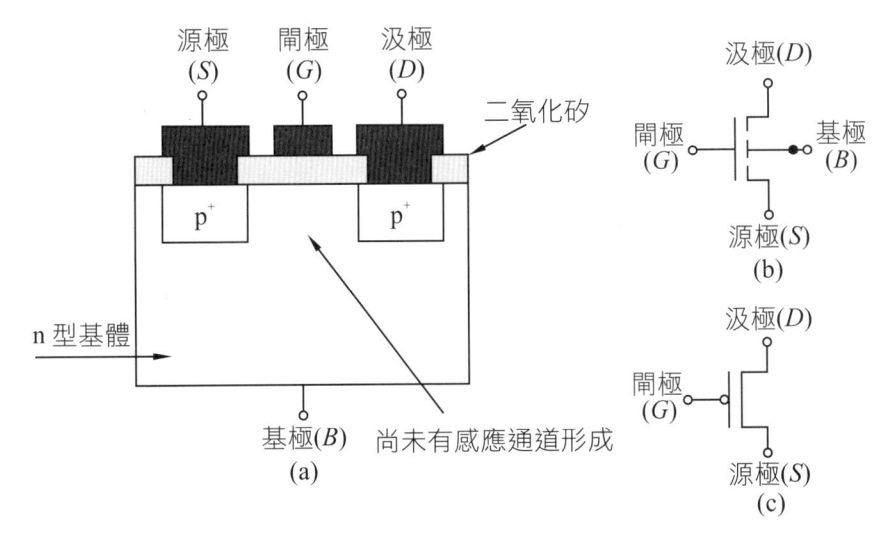

圖 3.21　(a) p 型電晶體結構圖；(b) 與 (c) 為 p 型電晶體的電磁符號

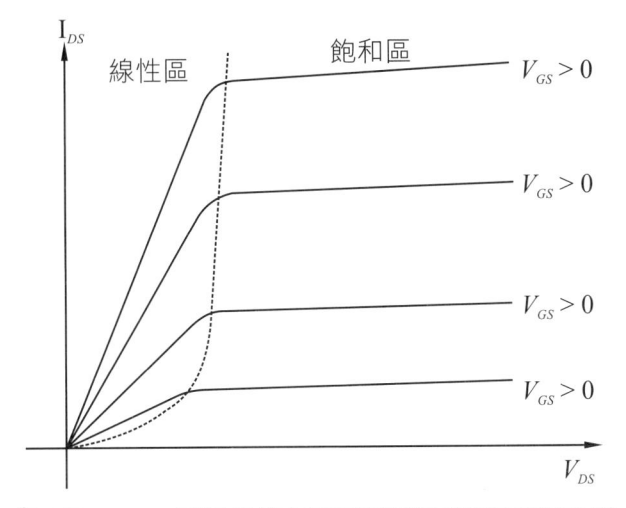

圖 3.22　n 型電晶體在不同偏壓下的電壓電流曲線

3.3.2 互補式 MOS (CMOS)

簡單來說，CMOS 電路就是在同一基體上建立 pMOS 和 nMOS 來達成一個邏輯電路，而且由 nMOS 組成的電路在相同的輸入值情況下會得到互補的結果，這種結構稱為互補式 MOS。它具有相當高的輸入阻抗、很快的切換速度、低功率消耗。

圖 3.23 是一 CMOS 反相器的結構圖，而且是採用單一 p 位井 (p-well) 技術。在 n 型基體上建立了一個 pMOS，並且挖一個區域摻入 p 型雜質而成為另一個 p 型基體，便稱為 p-well。在這 p-well 裡便建立了另一個電晶體 nMOS。也可以利用另一 n 位井 (n-well) 將 pMOS 做在裡面，即所謂 Twin-Well 製程 (後章詳述)。

反相器的電路圖如圖 3.24 所示，由 pMOS 和 nMOS 串連而成，這兩個 MOS 的閘極接在一起形成輸入端，汲極接在一起形成輸出端，而它們的源極各自接到 V_{DD} 和 V_{SS}。

在幾乎沒有電流需求下，藉由互補的 MOS 電晶體來實現邏輯函數。這使得邏輯閘在使用電池為電源的裝置上極有用處，而工作電壓可低到 1 伏特和高到 15 伏特。

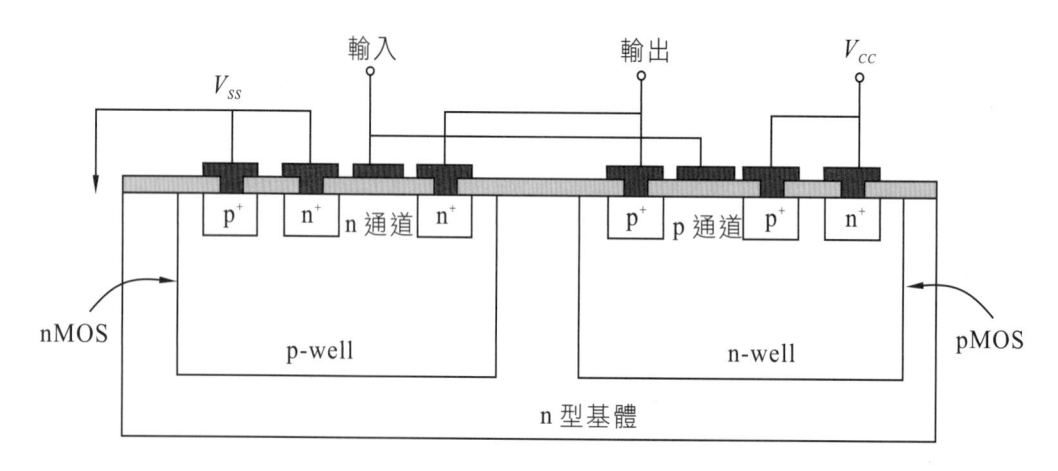

圖 3.23 CMOS 反相器電路結構圖

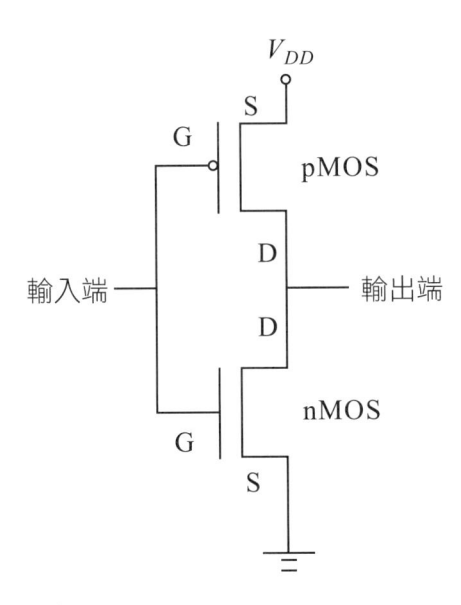

◉ 圖 3.24　CMOS 反相器電路圖

　　VLSI (超大型積體電路)，意思是將 1000 以上的邏輯閘電路製作在同一顆晶片上，VLSI 技術之所以能發展起來，全是拜 MOS 電晶體的發明所賜，若沒有 MOS 電晶體的出現，就不會有 VLSI，也不會進而有 ULSI (極大型積體電路)。

　　MOS (Metal-Oxide Semiconductor) 可分為 pMOS、nMOS 與 CMOS，製程較為簡單、電路密集度高、面積小，不過速度較慢。BiCMOS (Bipolar Complementary-MOS) 利用 BJT 的高驅動能力來當輸出極，因此具有 BJT 的快速、MOS 的高密集度等優點，但製程相當複雜。

　　進一步說明此三種元件特性：

1. pMOS 在 MOS 製程技術中是最簡單，所以被應用的最早。其是利用電洞來導電，所以速度會變得較慢。
2. nMOS 則是利用電子來做傳導的工作，因為電子的漂移速度約為電洞的二至三倍，因此在相同的條件下，nMOS 製程的電路可以工作得比 pMOS 還要來得快。
3. CMOS 則是同時包含了 nMOS 和 pMOS，因此製程技術變得較為複雜。通常在 CMOS 電路中成對的包含 nMOS 和 pMOS 電晶體，在穩態時只有一組電晶體能夠導通，所以可以說沒有靜態功率 (Static Power) 消耗，為目前最省功率的一種電路，正因如此成為最流行的技術之一。

3.3.3 互補式 CMOS 之佈局與光罩配置

圖 3.25 是一 CMOS 反相器的結構圖以及佈局。所需之光罩層也可以看見由位井到矽晶發展，以至到金屬層，至少需六道光罩層，而且是採用 n-well 技術。在 p 型基體上建立了一個 nMOS，並且挖一個區域摻入 n 型雜質而成為另一個 n 型基體，便稱為 n-well。在這 n-well 裡便建立了另一個電晶體 pMOS。此種結構又稱做 n-well CMOSFET。

CMOS n-well 反相器的電路圖如圖 3-26 所示，由 pMOS 和 nMOS 串連而成，這兩個 MOS 的閘極接在一起形成輸入端，汲極接在一起形成輸出端，而它們的源極各自接到 V_{DD} 和 V_{SS}。另外為了提升元件之隔離特性，以提升積集度，有些 nMOS 會做在 p 位井 (p-well) 裡面，即形成 n、p 二種位井，產生所謂之 Twin-Well 結構。而圖 3.26 也說明了 Twin Well CMOS 反相器之符號結構，而相關之光罩佈局與所需之光罩層則詳見圖 3.27。

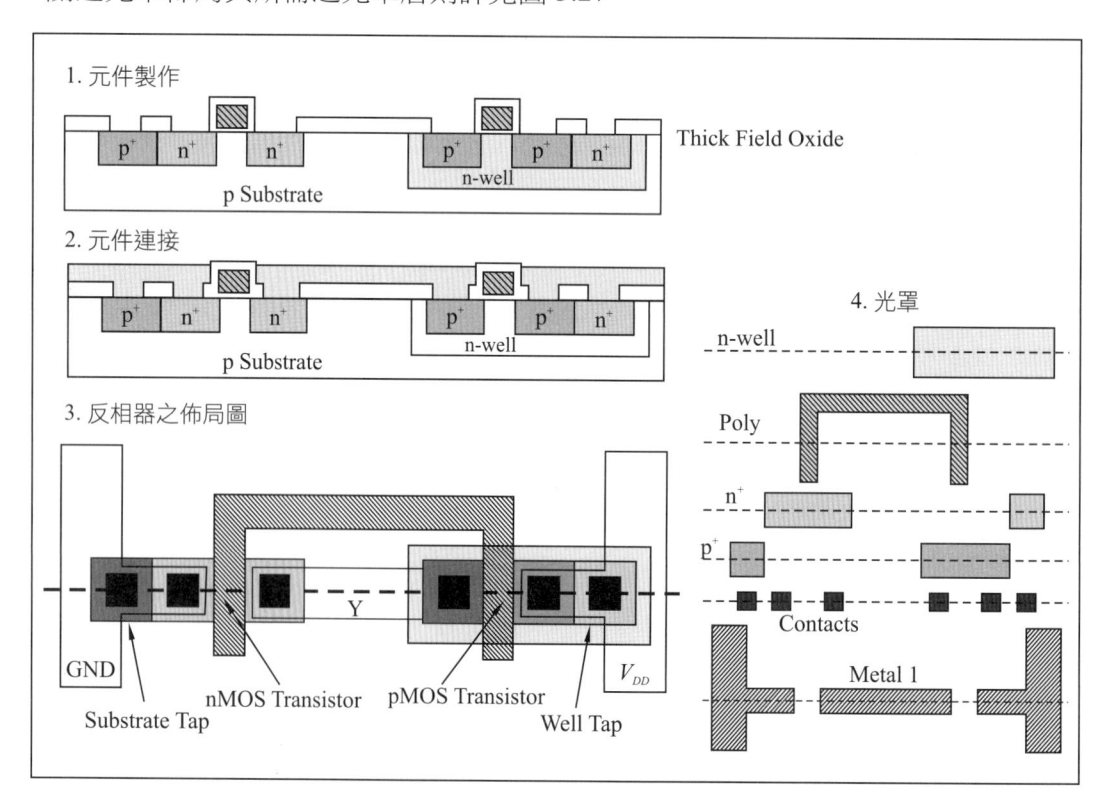

◉ 圖 3.25　n 位井 CMOS 反相器之結構和佈局以及所需之光罩層

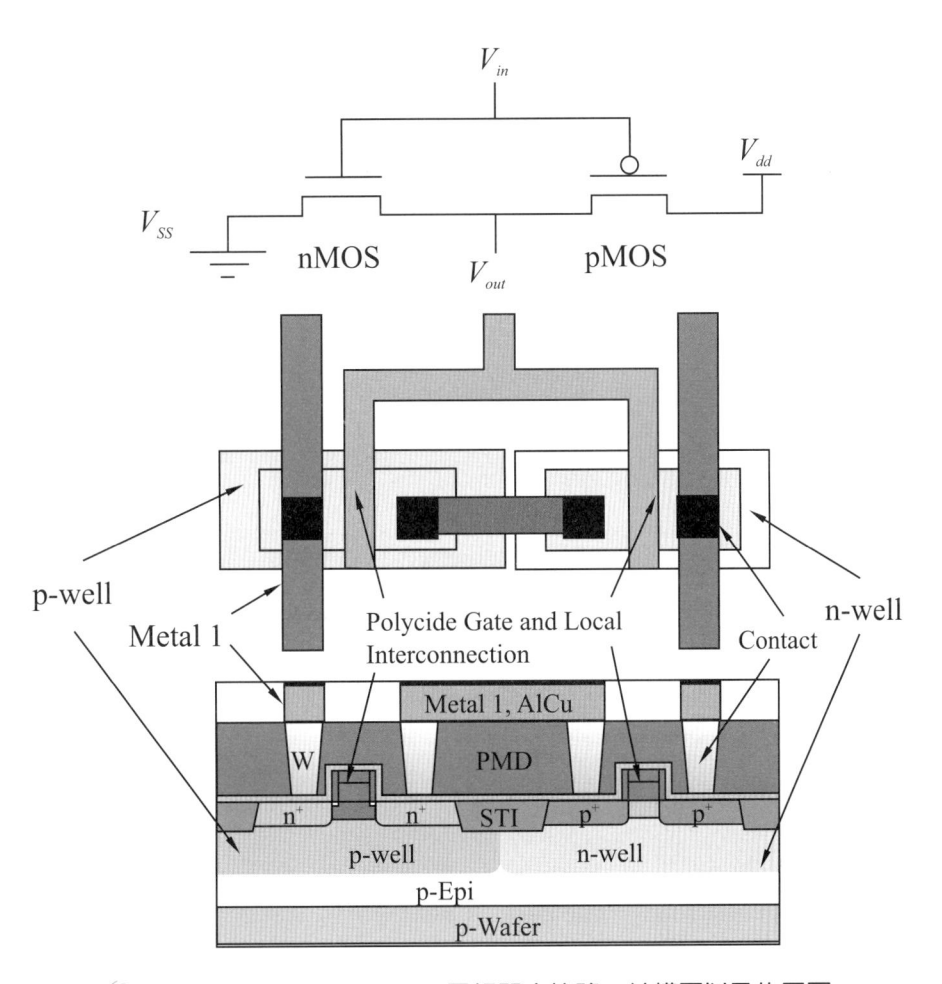

圖 3.26　Twin Well CMOS 反相器之符號、結構圖以及佈局圖

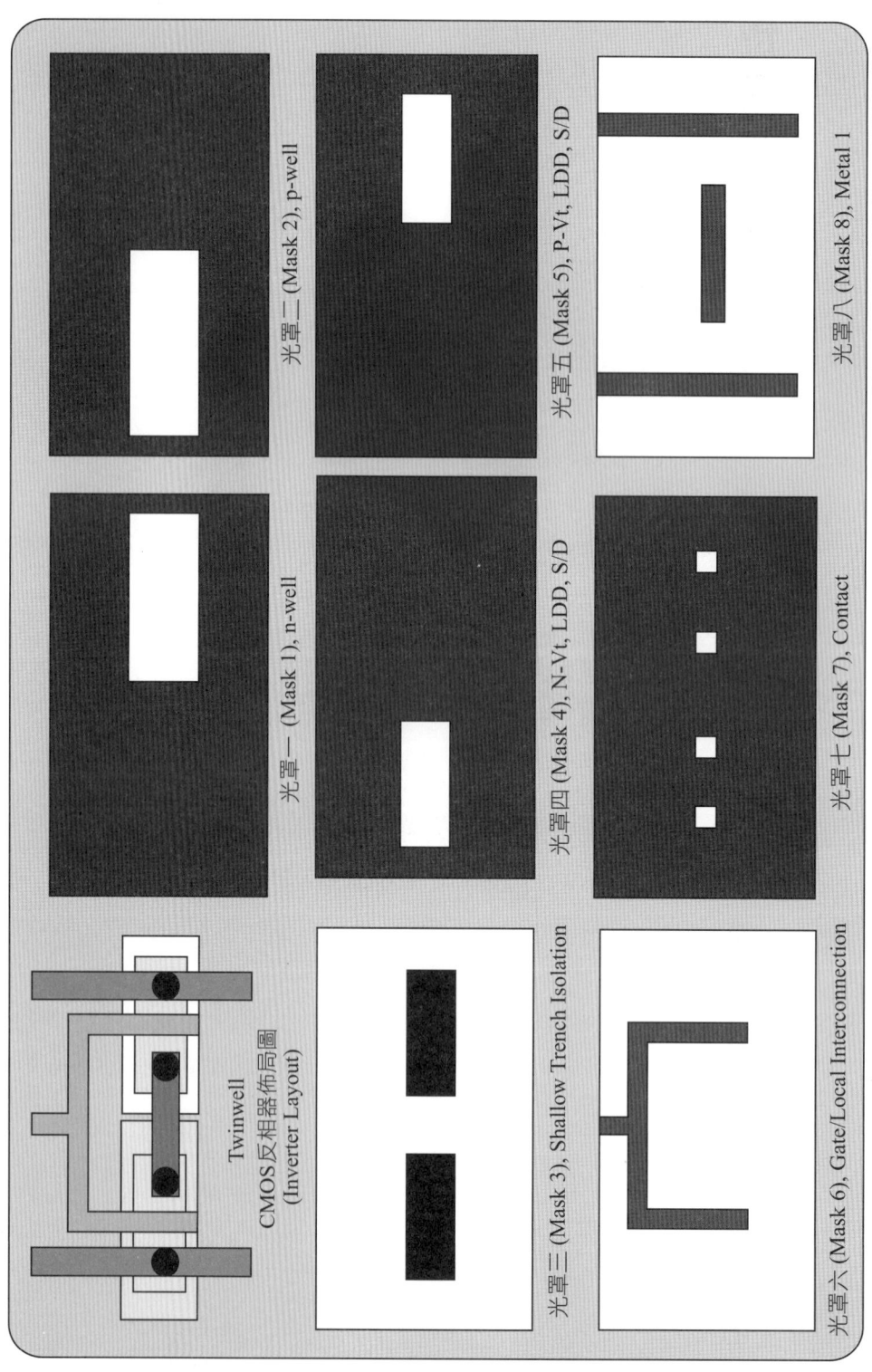

圖 3.27 Twin well CMOS 反相器之光罩佈局圖

3.4 習題

1. 請說明積體電路生產流程 (Process Flow)。
2. 請說明光微影流程 (Lithography Process Flow)。
3. 請比較擴散 (Diffusion) 與離子植入 (Ion Complantation)？
4. 請比較濕蝕刻 (Wet Etching) 與乾蝕刻 (Dry Etching) 製程？
5. 請比較 Al/SiO$_2$ 與 Cu/low-k 之內連線結構。
6. 請說明何謂積體電路前段製程 (Front-End Process)。
7. 請說明何謂積體電路後段製程 (Back-End Process)。
8. 請說明 STI 製程。
9. 請說明位井製程。
10. 請說明如何用 nMOSFET 與 pMOSFET 形成反相器 (Inverter)。

模組設計（一）：隔離製程 4

Module 1: Isolation Process Flow

　　由第四章到第七章，我們將描述 IC 製作流程設計與線路在光罩中配置 (Layout) 之相關過程，並將製作流程 (Process Flow) 有次序地描述出來，將依製程模組 (Module) 來描述之。

4.1　淺溝槽絕緣製作流程 (STI Process Flow)

　　首先由空白晶片 (Wafer) 投入開始，如圖 4.1 所示，空白晶片開始下線，一開始先長一層氧化層約 100 Å 左右，然後接續長一層氮化矽 (SiN) 約 1500 Å 左右，再經由微影模組完成對準與顯影，將主動區 (Active Region)，以及 STI 隔絕區定義分割出來，光罩1如圖4.1所示之圖案(Mask #1)，定義出來之STI區域，再經由接下來之矽槽蝕刻 (Si Etching) 流程將氮化矽以及矽基底蝕刻出一個凹槽 (Trench)，如圖 4.2 所示。

　　在半導體製作流程中，大部分之工作皆委託作業員 (Operator) 協助執行製程之作業，而為方便作業員能充分了解製程之要求，工程師會將製程用所謂之流程卡 (Run Card) 將所有製程以規格方式呈現，以方便作業員能有效地依製程規格來執行半導體流程。所謂之流程卡是一制式表單，跟隨著生產批由作業一開始便附於其上，由現場作業員逐一將每個生產站之生產相關資訊記錄在流程卡上，直到作業結束為止。

光罩1
(Mask #1)

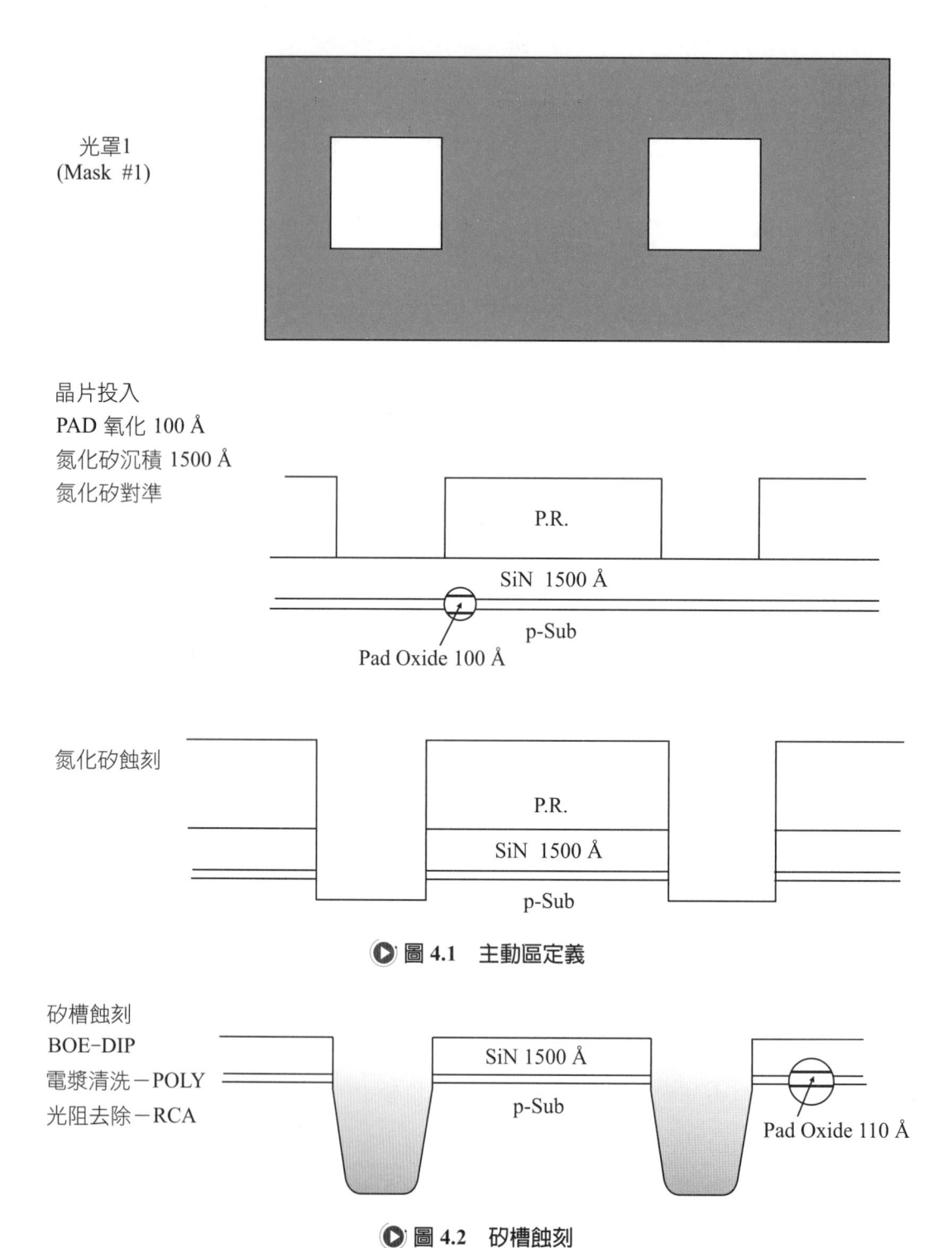

晶片投入
PAD 氧化 100 Å
氮化矽沉積 1500 Å
氮化矽對準

P.R.
SiN 1500 Å
Pad Oxide 100 Å
p-Sub

氮化矽蝕刻

P.R.
SiN 1500 Å
p-Sub

▶ 圖 4.1　主動區定義

矽槽蝕刻
BOE-DIP
電漿清洗－POLY
光阻去除－RCA

SiN 1500 Å
p-Sub
Pad Oxide 110 Å

▶ 圖 4.2　矽槽蝕刻

如圖 4.3 所示，流程卡包含序號、製程、代號，以及製程規格等，每一項製程皆有一定之規格作為依據，所以前面所述之 STI 製程即可依據圖 4.3 及圖 4.4 之流程卡來表示。值得注意的是，每一薄膜沉積後，皆需要有厚度量測之動作，且量測之條件與規格皆有一定要求。另外，在微影流程後，顯影完需有

序號	製程	代號	規格
1	WAFER START	NONE	刻號
1	ALIGNMENT MARK	AM	對準鍵
2	PAD100	RCA-A	RCA 清洗
2	PAD100	PAD100	PAD 氧化 100 Å
2	PAD100	D-PAD100	厚度量測-PDOX: THK SPEC [100±10]
2	SiN1.5K	SiN1500	氮化矽沉積 1200: SiN DEP 1200
2	SiN1.5K	D-SiN1500	厚度量測 (控片)-SiN: THK SPEC [1200±120]
2	STI 對準	STILITH	STI 對準 MASK #1
2	SiN1.5K	SiN ADI	ADI-CD
3	SINETCH	STI Etching	STI 矽槽蝕刻
3	SINETCH	SiN AEI	AEI-CD-SiN
3	SINETCH	S-STI	深度量測
3	SINETCH	D-STI	厚度量測

▶ 圖 4.3　主動區定義流程卡

序號	製程	代號	規格
3	STI-ETCH	STI Etching	STI 矽槽蝕刻
3	STI AEI	SiN AEI	AEI-CD
3	D-STI	D-STI	厚度量測-STI
3	S-STI	S-STI	深度量測-STI
3	SiN 去除	A1-STI	厚度量測-SIN
3	SiN 去除	RCA-B	氮化矽-ETCH
3	SiN 去除	A1-STI	厚度量測-AEI
3	SiN 去除	STI Clean	RCA 清洗

▶ 圖 4.4　矽構蝕刻流程卡

顯影後檢查 (After Development Inspection, ADI)，需要合乎規格如臨界尺寸 (Critical Dimension, CD) 大小。另外，蝕刻後也要有蝕刻後檢查 (After Etching Inspection, AEI)，也需合乎 CD 等規格。

接續前述之 STI 製程，在矽槽蝕刻後，光阻需被清除乾淨，而經由光阻去除之製程後，氮化矽也要被去除乾淨，相對應之深度與厚度量測也需執行並合乎規格。

接下來是成長一薄膜氧化層 (Liner Oxide) 約 300 Å，然後利用 APCVD 方式沉積一氧化層約 7000 Å，因此類氧化層較鬆散，所以需加以高溫 (約 1000°C) 密化 (Densify) 以強化此氧化層之密度。相關流程如圖 4.5 所示，流程卡如圖 4.6 所示。由於 APCVD 氧化層需要有足夠之厚度以便後續化學機械研磨 (CMP) 製程在平坦化時有足夠之厚度能完成平坦度之研磨要求。所以接續 1000°C 密化後，即是 CMP 研磨製程，如圖 4.7 所示，經由 SiN 之保護，相對平坦化更有效率且準確，當然相對研磨後之氧化層厚度量測，以及 STI 深度量測皆需加以進行並合乎規格，詳見流程卡如圖 4.8 所示。

完成 CMP 平坦後，即可將氮化矽去除，但因為半導體製程需有數十道微影製程，所以一開始需先定義對準鍵 (Alignment Mark) 以方便後續光罩對準用。在此，我們即利用光罩 2(Mask #2)，將對準鍵定義出來後，再利用 Buffer Oxide Etching 溶液 (BOE Solution) 將對準鍵定義出來，詳細流程如圖 4.9 所示，流程卡如圖 4.10 所示，如此一來即可繼續後續之製作流程。

薄膜氧化層 300 Å
AP-7000 Å 沉積
密化 1000°C

AP 7000 Å

SiN 1500 Å

P-Sub

薄膜氧化層 300 Å

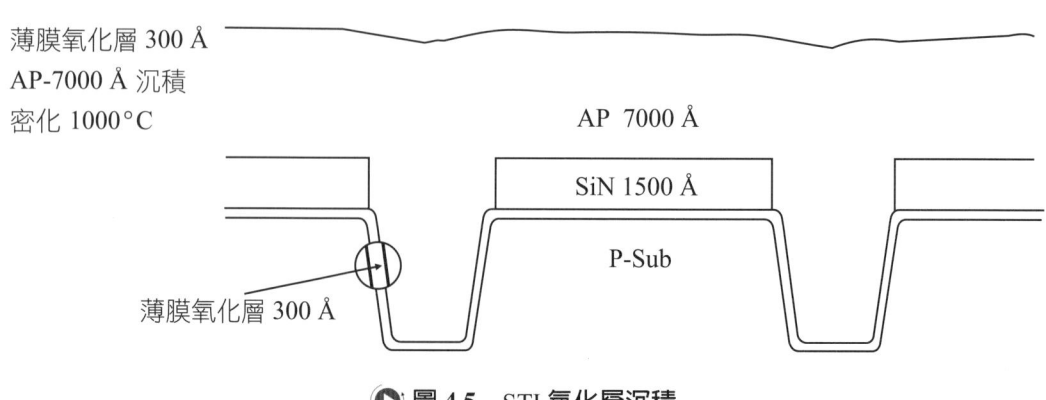

圖 4.5　STI 氧化層沉積

序號	製程	代號	規格
3	STI CLEAN	RCA CLEAN	RCA 清洗
3	LINER OXIDATION	LINER OXIDATION	1000°C
3	LINER OXIDATION	DLINER	厚度量測-LINER
3	ANNEALING	ANA1000	STI LINER ANNEAL 1000°C
3	HDP	HDP	HDP 沉積
3	D STI	STIHDP	厚度量測-STIHDP
3	RCA CLEAN	RCA CLEAN	RCA 清洗
3	SiN1200	DS1000	1000 度密化：1000°C DENSIFY

▶ 圖 4.6　STI 氧化層沉積流程卡

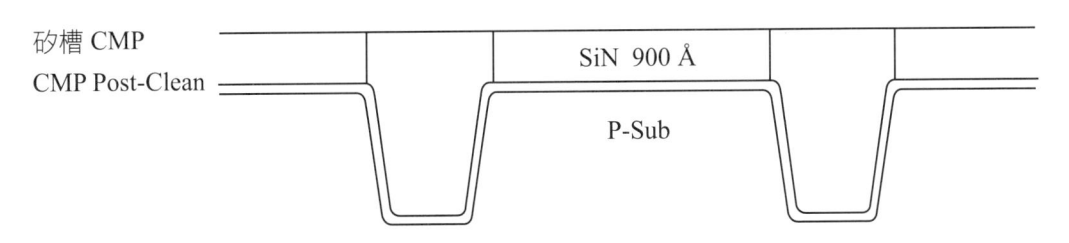

矽槽 CMP
CMP Post-Clean

SiN 900 Å

P-Sub

▶ 圖 4.7　STI 氧化層平坦化

序號	製程	代號	規格
4	CMPSTI	CMPSTI	厚度量測-CMPSTI
4	CMPSTI	CMPSTI	厚度量測-CMPSTI
4	CMPSTI	CMPSTI	CMP 研磨-STI: STI CMP
4	CMPSTI	D-CMPSTI	厚度量測-CMPSTI-AE
4	CMPSTI	S-CMPSTI	深度量測-CMPSTI-AE
4	CMPSTI-STIEB	CMPEB	STIEB 蝕刻
4	CMPSTI-STIEB	CMPSTI	厚度量測-STIEB-AE

▶ 圖 4.8　STI 氧化層平坦化流程卡

光罩2
(Mask #2)

氮化矽/Pad Ox. 去除–C
SAC Oxide 100 Å
Alignment-Mark 對準
BOE-DIP-600S

BOE Dip.

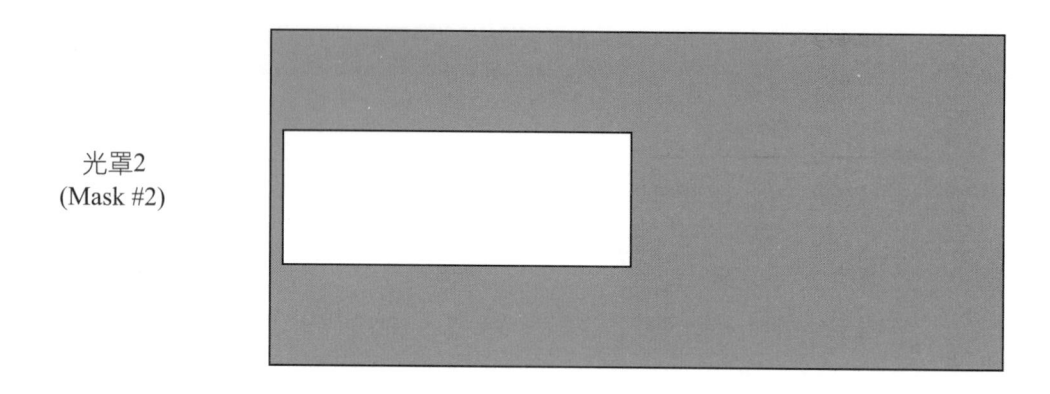

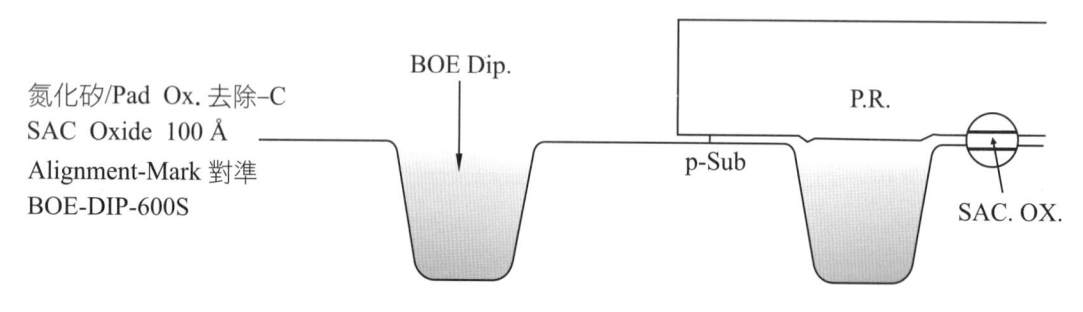

P.R.

p-Sub

SAC. OX.

▶ 圖 4.9　對準鍵蝕刻

序號	製程	代號	規格
4	氮化矽去除 STI	SiN RM	氮化矽去除
4	DSTI	DSTI	厚度量測
4	SSTI	SSTI	深度量測
4	AEI	AEI	AEI-C
4	STI ALIGN MARK	STI 游標對準	II STEP MASK #2
4	CMPSTI-STIEB	CMPSTI	ADI-C
4	CMPSTI-STIEB	BOE-DIP	BOE-DIP
4	CMPSTI-STIEB	D-CMPSTI	厚度量測 -CMPSTI
4	CMPSTI-STIEB	S-CMPSTI	深度量測 -CMPSTI
4	CMPSTI-STIEB	CMPSTI	AEI

▶ 圖 4.10　對準鍵蝕刻流程卡

4.2 位井製作流程 (Well Formation Process Flow)

完成隔離製程後，接下來將利用離子佈植 (Ion Implantation) 分別來形成 n 型與 p 型位井 (Well)，如圖 4.11 所示，我們需利用微影製程，以光罩 3(Mask #3) 將 n 型位井定義出來，而後再分別以不同能量與劑量植入形成位井，相關條件詳見圖 4.12 流程卡。

接下來，同樣之方式應用在 p 型位井之製作，如圖 4.13 所示，首先將 p 型位井之區域以微影方式定義出來光罩 4(Mask #4)，顯影後，再分別以不同能量與劑量植入離子形成 p 型位井，相關植入條件詳見流程卡如圖 4.14 所示。

光罩3 (Mask #3)

n-well 對準
n-well 植入 1 Phosp.
n-well 植入 2 Phosp.
V_{TP} 植入 Phosp.

光阻

n-well

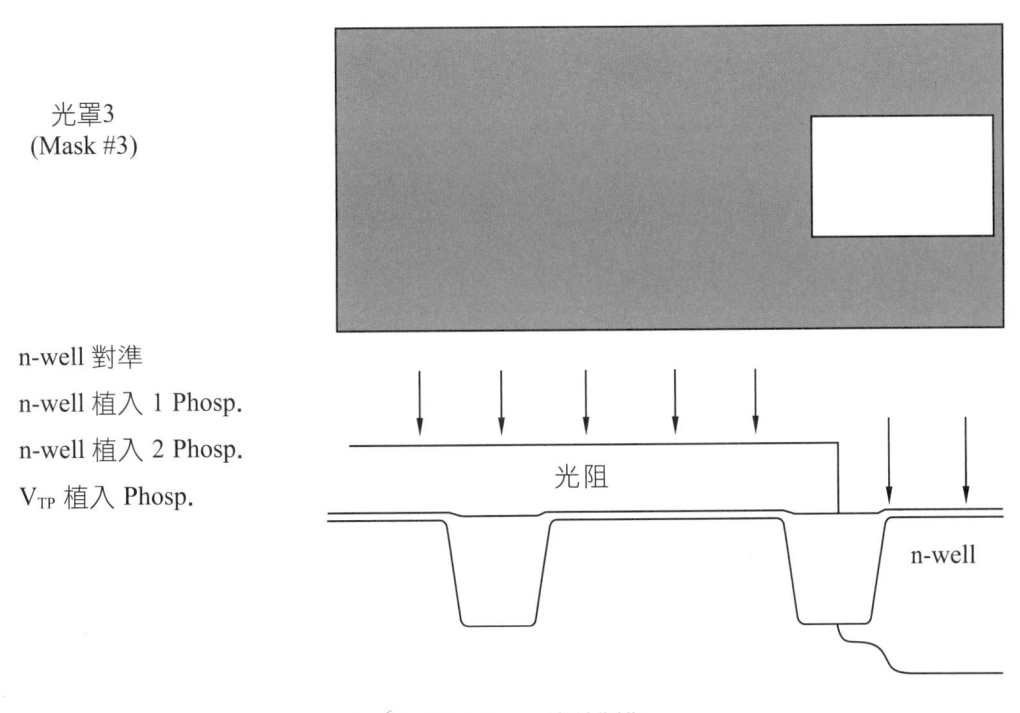

圖 4.11　n 位井製作

序號	製程	代號	規格
6	n-well-IMP	NW-A1	n-well-對準
6	n-well-IMP	NW-A2	ADI-CD-n-well
6	n-well-IMP	NW-A3	AA-n-well
6	n-well-IMP	NW-A4	ADI-C
6	n-well-IMP	H110-90	預烤 110°C90 秒
6	n-well-IMP	AS40K320E12T0	V_{TP} 植入
6	n-well-IMP	P240K100E13T0	n-well 植入 1
6	n-well-IMP	P350K600E13T0	n-well 植入 2
6	n-well-IMP	NW-B1	電漿清洗
6	n-well-IMP	NW-B2	Polymer 去除
6	n-well-IMP	NW-B3	AEI-N

圖 4.12　n 位井製作流程卡

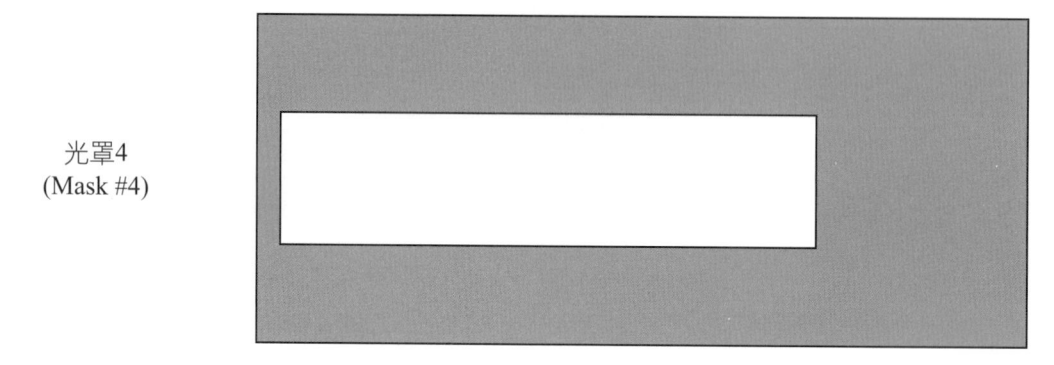

光罩4
(Mask #4)

p-well 對準
p-well 植入 1B$_{ORON}$
p-well 植入 2B$_{ORON}$
p-well 植入 3B$_{ORON}$
V_{TN} 植入 BF$_2$

光阻

p-well　　n-well

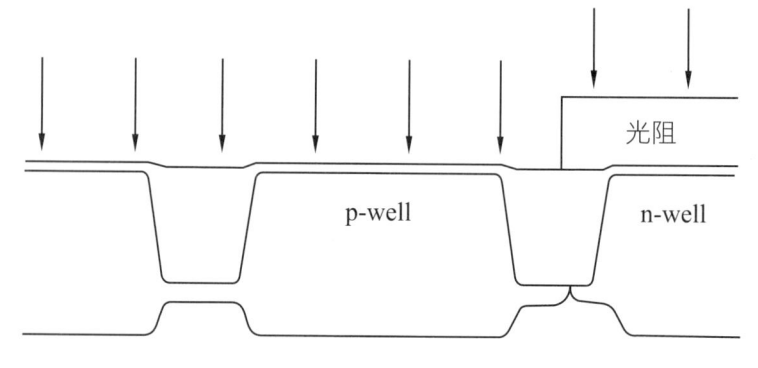

圖 4.13　p 位井製作

序號	製程	代號	規格
5	p-well-IMP	PW-A1	p-well-對準
5	p-well-IMP	PW-A2	ADI-CD
5	p-well-IMP	PW-A3	AA-p-well
5	p-well-IMP	PW-A4	ADI-C
5	p-well-IMP	H110-90	預烤 110°C 90 秒
5	p-well-IMP	IN90K8E12	V_{TN} 植入
5	p-well-IMP	B30K4E12	p-well-植入 1
5	p-well-IMP	B110K2E13	p-well-植入 2
5	p-well-IMP	B185K4E13	p-well-植入 3
5	p-well-IMP	PW-B1	電漿清洗
5	p-well-IMP	PW-B2	Polymer 去除
5	p-well-IMP	PW-B3	AEI

圖 4.14　p 位井製作流程卡

4.3　習題

1. 請說明隔離製作流程中各光罩的使用與目的為何？
2. 何謂流程卡 (Run Card)？
3. STI 過程中，CMP 的角色為何？
4. 請說明為何要特別為對準鍵 (Alignment Mark) 另外定義一道光罩。
5. 請說明位井製作流程中各光罩的使用與目的為何？
6. 在位井製作時，為何要植入許多道離子佈植？

模組設計（二）：元件製程

Module 2：Device Process Flow

本章主要是說明 MOSFET 元件之製作流程。

5.1 多晶矽閘極之製作

在定義出元件可以製作之主動區區域 (Active Region) 後，我們可以開始在主動區製作元件，首先成長一薄閘極氧化層 (Oxide)，以 90 奈米而言，我們先成長 20 Å 薄氧化層，再接續多晶矽 (Polysilicon) 2000 Å 左右，由於薄氧化層平坦度及均勻度十分重要，所以在成長完後，需仔細量測厚度，我們常會用控片 (Monitor Wafer) 來測。

在此，我們量測整片控片約 11 點，平均誤差需在 10% 以內，即 20 Å±2 Å 之規格，相關流程見圖 5.1，流程卡則見圖 5.2。

由於多晶矽之沉積厚度較厚，所以平坦度與均勻度之控制較容易，所以沉積完後，基本之量測即可完成。

完成多晶矽沉積後，經由微影方式將 n 型多晶矽定義 (Mask #5) 出來後，以磷 (Phosphorus) 離子植入，將多晶矽轉變為 n 型多晶矽，流程如圖 5.3 所示。因 p 型多晶矽植入會與 p 型源極／汲極接面同時 (In-situ) 完成，所以無需另外定義，也可省一道光罩。

接下來，我們將多晶矽閘極定義出來，由於 MOSFET 閘極之尺寸控制十分重要，所以在微影過程後，我們利用 Mask #6 定義出閘極後，需仔細地做顯影

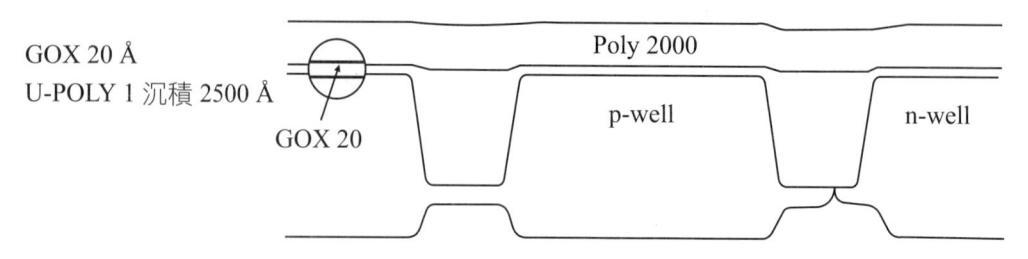

圖 5.1　薄閘極氧化層製作

序號	製程	代號	規格
8	GOX20	RCA	RCA 清洗
8	GOX20	GOX30	HV-GOX 氧化 20Å
8	GOX20	控片 MONITOR	厚度量測-MONITOR-GOX20: THK SPEC [20+/–2]
9	GOX20	GOX-A1	厚度量測 11 point within wafer 20Å

圖 5.2　薄閘極氧化層沉積流程卡

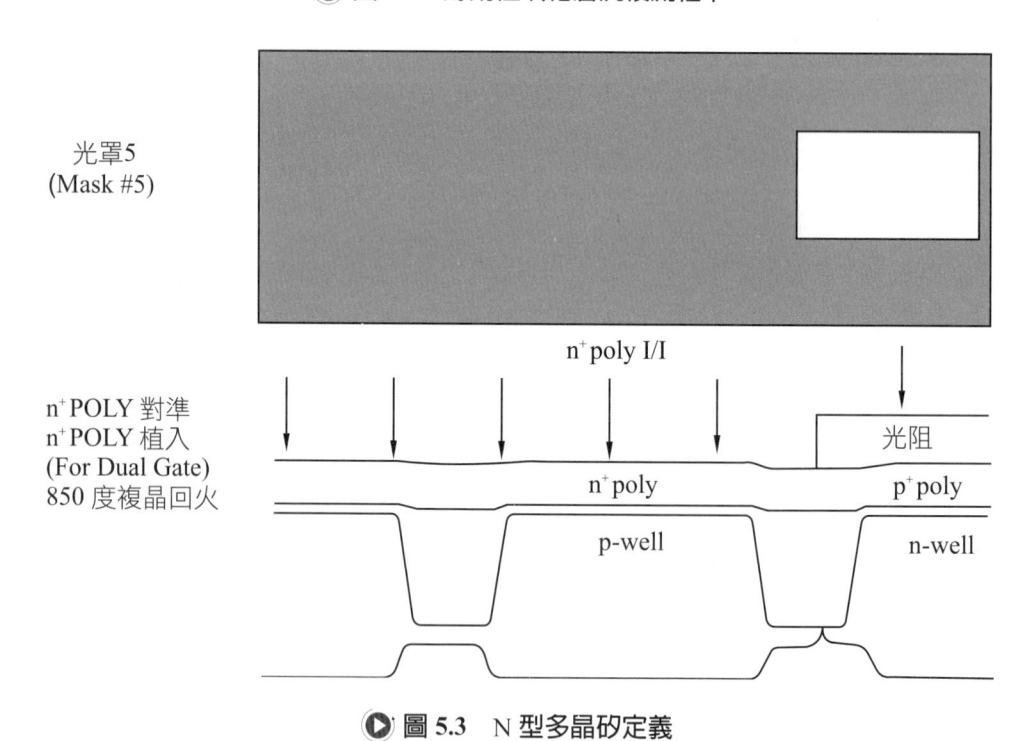

圖 5.3　N 型多晶矽定義

後檢視 ADI 的動作，以確保閘極已被精準之定義出來，包含 CD (Critical Dimension) 以及 AA (Alignment Accuracy) 需符合規格，相關流程如圖 5.4 所示，而流程卡如圖 5.5 所示。

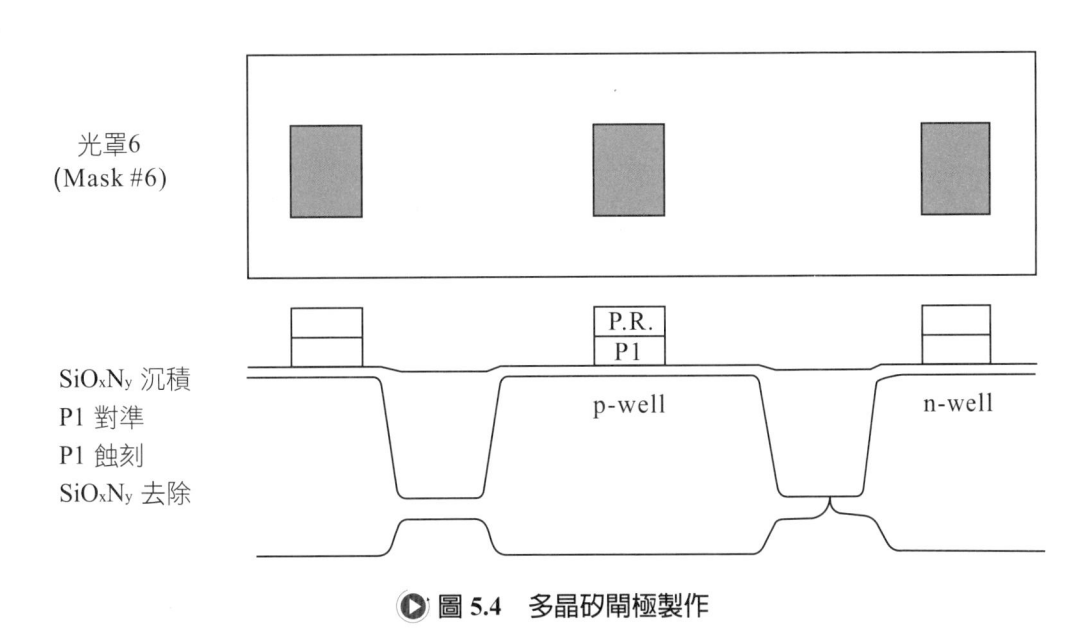

▶ 圖 5.4　多晶矽閘極製作

序號	製程	代號	規格
10	POLY DEPOSITION	POLY-DEP	POLY 沉積 2000Å
10	POLY DEPOSITION	POLY-DEP	厚度量測-P1
10	POLY ALIGNMENT	POLY-A1	IA-P1-對準
10	POLY ALIGNMENT	POLY-ADI	ADI
10	POLY ALIGNMENT	POLY-A1	ADI-CD_PLY1 [+/–0.005]
10	POLY ALIGNMENT	POLY-A2	AA-PLY1-4P [+/–0.015]
10	POLY ALIGNMENT	POLY-A3	ADI
10	POLY DEPOSITION	H110	預烤
10	POLY ETCH	POLY ETCH	P1-in-situ-蝕刻
10	POLY ETCH	POLY ET1	Polymer 去除-RCA
10	POLY ETCH	A134-P1-ET-A	厚度量測-P1-AEI
10	POLY ETCH	SION-800HZA	PE-SION 去除
10	POLY ETCH	POLY-AE14	AEI
10	POLY ETCH	AEI	AEI-CD-PLY1-10P [+/–0.004]

▶ 圖 5.5　多晶矽閘極製作流程卡

一旦 ADI 通過規格要求後，即可執行後續蝕刻之動作，經由精密地蝕刻動作後，多晶矽閘極被定義出且完成，再利用高倍顯微鏡將元件閘極檢查 (AEI)，確定透過規格 CD 與 AA 後，即可繼續後續流程。

5.2 源極／汲極接面製作

接下來我們開始做元件源／汲極之結構，在做 NLDD 植入之前，我們先用 800°C 成長一薄氧化層，以減少因多晶矽閘極蝕刻後所造成之缺陷產生等因素。

然後對 NLDD 區域做微影製程，定義出 NLDD 區域 (Mask #6)，再進入 NLDD 植入 (As) 以及 N-Pocket 植入 (Boron)，詳細流程見圖 5.6，流程卡說明相關植入條件，詳見圖 5.7。

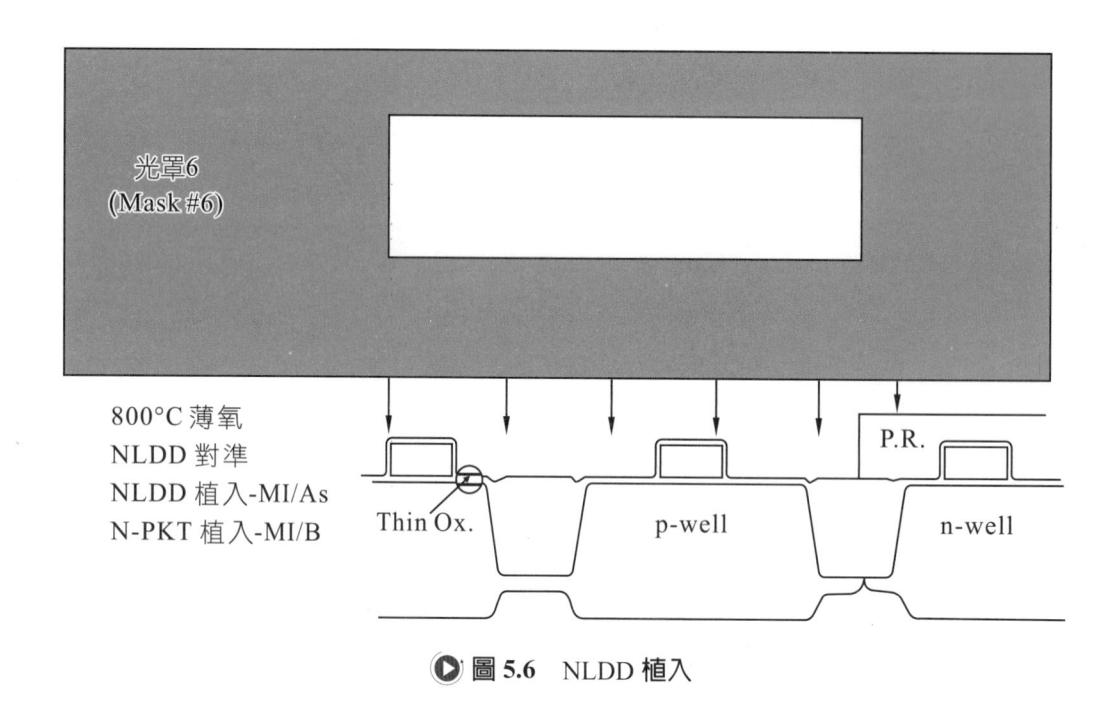

▶ 圖 5.6　NLDD 植入

SiN 沉積
SPACER 蝕刻

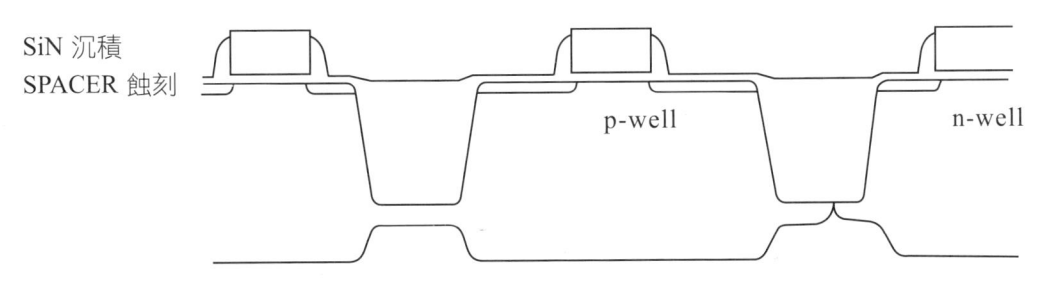

▶ 圖 5.10　氮化矽 Spacer 製作

序號	製程	代號	規格
13	SiN-SPACER	SPACER-A1	SO 清洗
13	SiN-SPACER	SPACER-A2	厚度量測
13	SiN-SPACER	SiN120	SiN 沉積 120 Å
13	SiN-SPACER	SiN120	厚度量測-SiN-SPACER
13	SiN-SPACER	SPC ETCH	SPACER 蝕刻
13	SiN-SPACER	SPC ETCH	Polymer 去除
13	SiN-SPACER	SPACER-B1	厚度量測-SPACER1-AEI
13	SiN-SPACER	SPACER-B2	深度量測-SPACER1-AEI
13	SiN-SPACER	AEI	AEI-CD-SPACER

▶ 圖 5.11　氮化矽 Spacer 製作流程卡

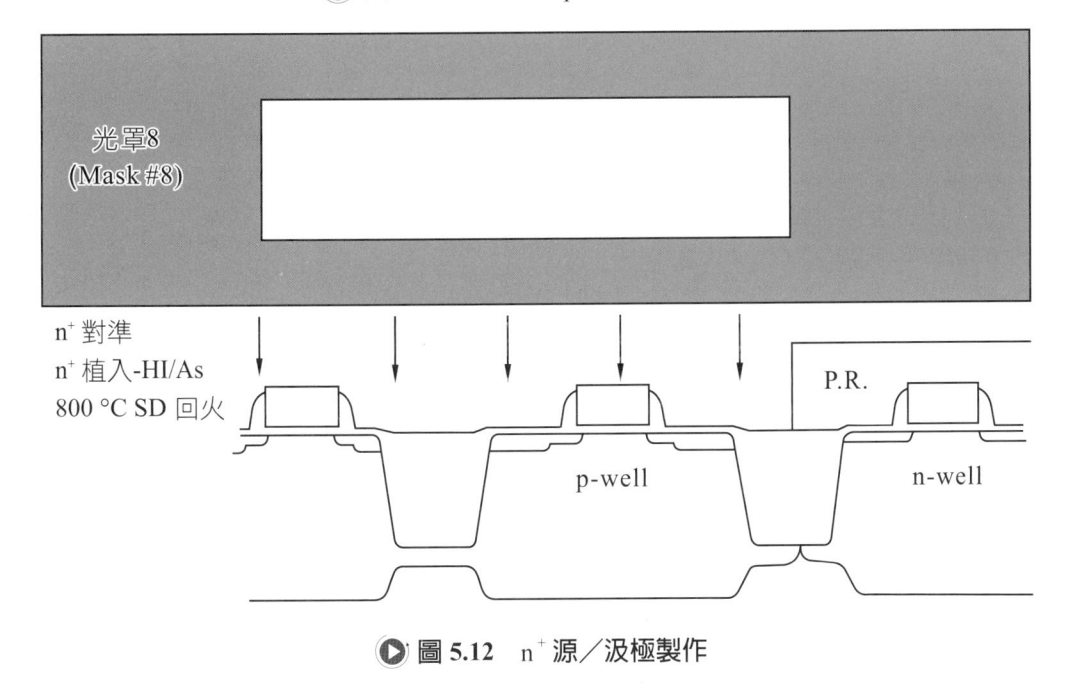

光罩8
(Mask #8)

n^+ 對準
n^+ 植入-HI/As
800 °C SD 回火

P.R.

p-well　　n-well

▶ 圖 5.12　n^+ 源／汲極製作

序號	製程	代號	規格
14	n⁺-IMP ALIGMENT	n⁺A1	n⁺-對準
14	n⁺-IMP ALIGNMENT	n⁺A2	ADI-CD [+/−0.0185]
14	n⁺-IMP ALIGNMENT	n⁺A3	ADI-AA [+/−0.045]
14	n⁺-IMP	P15K150E13T0	n⁺植入 MIP: N-IMP-MIP
14	n⁺-IMP	AS35K100E15T0	n⁺植入-HIAS: N⁺ IMP-HIAS
14	n⁺-IMP	P3K410E15T0	n⁺植入-HIP
14	n⁺-IMP	PSK500E14T0	n⁺植入-HIP-1
14	n⁺-IMP	HEI-LD1	電漿清洗-HEI
14	n⁺-IMP	SR-A	Polymer 去除-RCA
14	n⁺-IMP	AEI	AEI-N
14	n⁺-IMP	ADI n⁺	ADI-C

▶ 圖 5.13　n⁺源／汲極製作流程卡

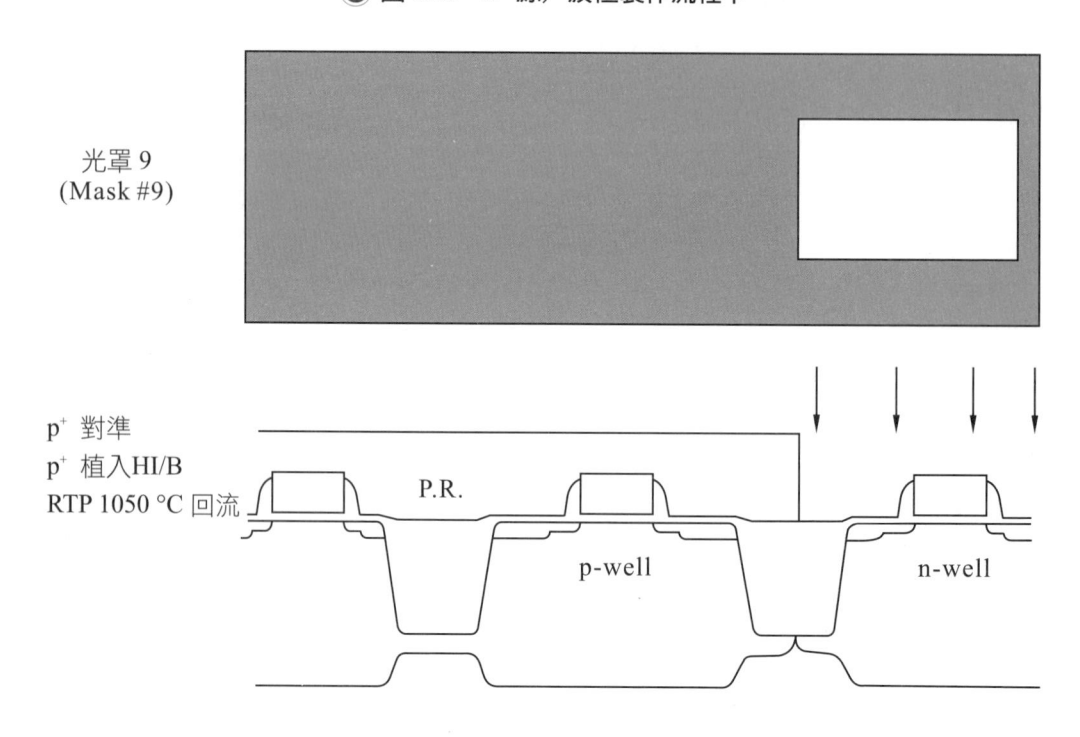

▶ 圖 5.14　p⁺源／汲極植入

序號	製程	代號	規格
15	p^+-IMP ALIGNMENT	p^+A1	IK-p^+-對準
15	p^+-IMP ALIGNMENT	p^+A2	ADI-CD [+/–0.0185]
15	p^+-IMP ALIGNMENT	p^+A3	ADI-AA: [+/–0.045]
15	p^+-IMP	B8K500E13T0	p^+ 植入 MIB: P-IMP-HIB
15	p^+-IMP	B3K140E15T0	p^+ 植入 HIB: P+IMP-HIB
15	p^+-IMP	B1K110E15T0	p^+ 植入 HIB: P+IMP-HIB
15	p^+-IMP	p^+B1	電漿清洗-HEI
15	p^+-IMP	p^+B2	Polymer 去除-RCA
15	p^+-IMP	p^+B3	AEI
15	RTP 回火	RTP-A	RTPDD

▶ 圖 5.15　p^+ 源／汲極值入流程卡

5.3　自動對準矽化物製程 (Salicidation)

完成源／汲極接面後，我們即可進行自動對準矽化工程，為了讓金屬矽化物成長較平坦，我們先以 Indium 植入，將矽基板表面非晶格化 (Amorphorized)，然後再沉積 Ni 100 Å 加上 150 Å TiN 薄膜，完成後，先以 650ºC 將 Ni 形成 $NiSi_x$，然後以特殊溶液將 TiN/Ni 去除後，再施以 800ºC 高溫將 $NiSi_x$ 轉變成 NiSi，得到低電阻之 Ni 矽化物。由於 NiSi 的電阻對熱預算效應 (Thermal Budget) 很敏感，需要仔細控制時間與溫度才可有效達到所需之阻值，相關製程詳見圖 5.16，

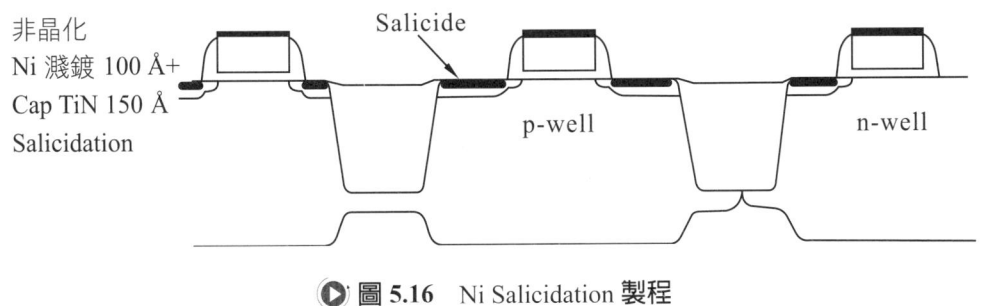

▶ 圖 5.16　Ni Salicidation 製程

而流程卡如圖 5.17 所示為相關製程條件以及必要之厚度量測。

一旦完成 Ni Salicidation，此 CMOSFET 元件已大致完成前段製程 (Frontend Process)，圖 5.18 所示為完成之示意圖與 SEM 剖面圖。接下來就是連接元件間之內部接線 (Interconnection) 工程，即所謂之後段製程 (Backend Process)。

序號	製程	代號	規格
16	Ni SALICIDE	SAL A1	RCA-清洗
16	Ni SALICIDE	SAL A2	Salicide PAI-In 植入
16	Ni SALICIDE	Ni 90-N15	Ni/TiN 濺鍍：Ni100-TiN150
16	Ni SALICIDE	RTA 650	NiSi RTP1
16	Ni SALICIDE	SPM140S	TiN/Ni Strip
16	Ni SALICIDE	SAL B1	厚度量測-NI
16	Ni SALICIDE	RTA 800	NiSi RTP 2
16	Ni SALICIDE	RCA	RCA-清洗

● 圖 5.17　Ni Salicidation 製程流程卡

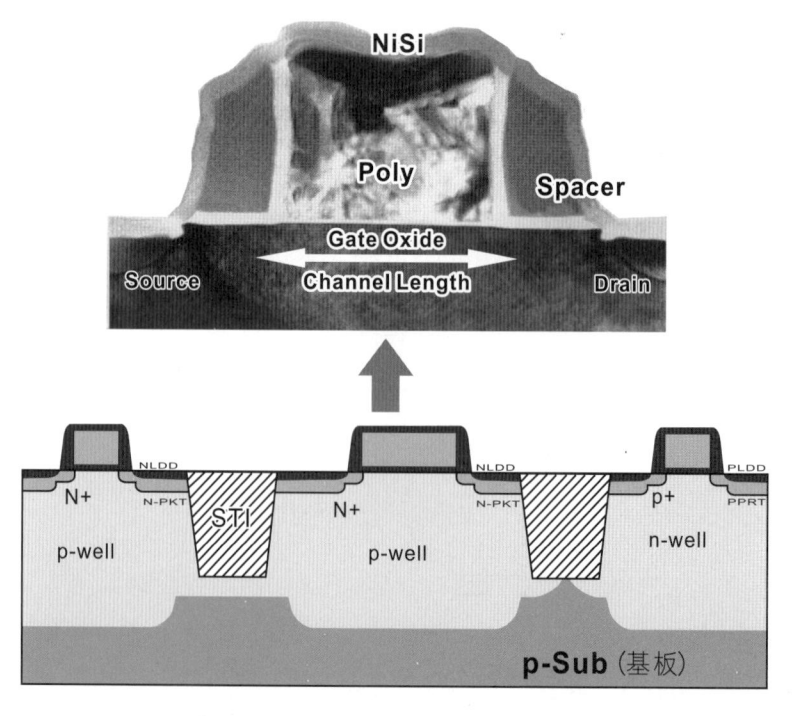

● 圖 5.18　CMOSFET SEM 剖面圖

5.4 習題

1. 請說明閘極製作中，哪一道步驟最重要且需仔細檢查才可放行。
2. 在源／汲極接面製作時，如何才可保持短通道且同時降低片電阻。
3. 請說明自動對準矽化製程 (Salicidastion) 的流程。
4. 請說明為何要用 Ni 作為矽化物材料，如何才可確保 Ni 不會橋接（源／汲極與閘極）連接。
5. 為何要用 LDD 離子植入？為何要用 pocket 離子植入？
6. salicidation 製程中，RTA 之目的為何？為何要二次 RTA？
7. 為何要做 spacer 結構？

模組設計（三）：後段製程 6

Module 3 : Backend Process Flow

　　本章將接續前段製程之 MOSFET 元件製程完後，元件之間的接線製程做一完整之描述與說明。

6.1　Inter-Layer Dielectric Passivation

　　元件製作完畢後，將開始進行元件間之內部連線工程，即所謂 Interconnection Engineering，首先沉積氮化矽 (SiN) 約 300 Å，目的在防止水氣與空氣中之鈉離子侵入元件造成破壞。接下來以 APCVD 的方法沉積沒摻雜之絕緣層 (Undoped Silica Glass, USG)，其目的在填入不平的元件間空隙 (Gap Filling) 以及作為捕捉硼離子 (B) 或磷離子 (P) 之陷阱 (Trap)。然後再沉積 TEOS 以及 BPSG (摻雜 B 與 P 之 USG)，為了給後續化學機械研磨 (Chemical Mechanical Polish) 有足夠的製程空間 (Process Window)，沉積厚度一定要足夠厚 (約 14 K Å)，且利用再回流 (Reflow) 加熱讓表面平坦化 (Planarization)。最後再以化學機械研磨 (CMP) 將此些絕緣層，即所謂之 Inter-Layer Dielectric (ILD) 或稱 Poly-Metal Dielectric (PMD) 磨掉至一定之厚度即告完成。相關之製程流程如圖 6.1 所示，而流程卡如圖 6.2 所示，過程中需有特定之厚度量測，而且皆需符合製程規格。

ILD Passivation
1. SiN 300 Å 沉積
2. AP-USG 沉積
3. TEOS-BPSG-14K 沉積
4. ILD CMP

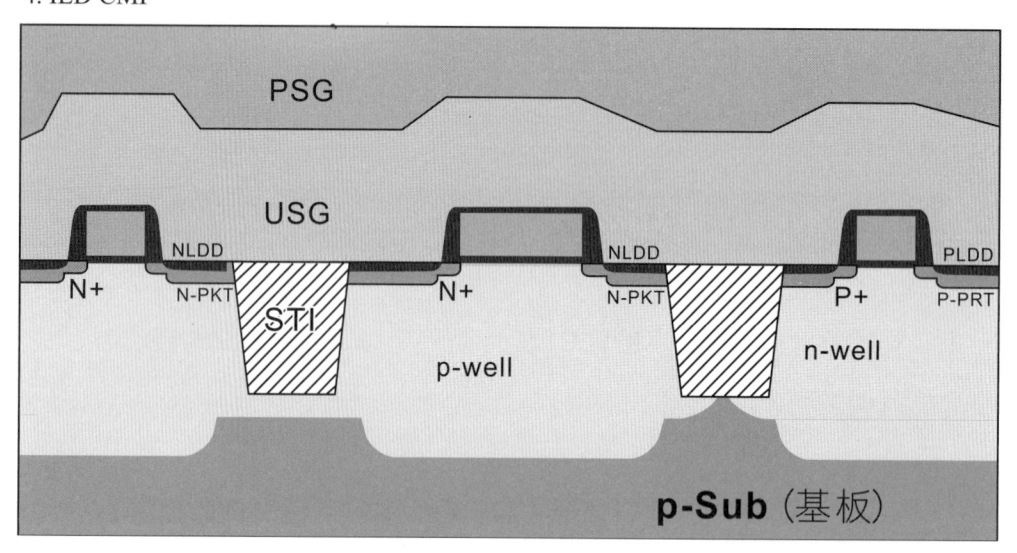

▶ 圖 6.1　ILD 覆蓋製程

序號	製程	代號	規格
17	ILD-SiN-CMP-TEOS CAP	ILD SiN	HT-SiN400 沉積
17	ILD-SiN-CMP-TEOS CAP	ILD USG	LT SA-1000 沉積
17	ILD-SiN-CMP-TEOS CAP	ILD PSG	PE-MFPTEOS-7K 沉積
17	ILD-SiN-CMP-TEOS CAP	ILD CMP	厚度量測-CMPILD
17	ILD-SiN-CMP-TEOS CAP	ILD CMP	CMP 研磨-ILD
17	ILD-SiN-CMP-TEOS CAP	CMP AEI	厚度量測-CMPILD-AEI: THK SPEC [+/−500]
17	ILD-SiN-CMP-TEOS CAP	CMP-A1	高壓噴洗
17	ILD-SiN-CMP-TEOS CAP	ILD CAP	PETOS CAP 沉積
17	ILD-SiN-CMP-TEOS CAP	CMP-B1	高壓噴洗
17	ILD-SiN-CMP-TEOS CAP	CMP-B2	厚度量測-ILD
17	ILD-SiN-CMP-TEOS CAP	ILD SION	PE-SION 沉積 300
17	ILD-SiN-CMP-TEOS CAP	CMP-B3	厚度量測-ILD

▶ 圖 6.2　ILD 覆蓋製程流程卡

6.2 金屬化製程 (Metalization) —— 接觸窗工程 (Contact Plug Formation)

ILD 製成完成後,即開始接觸窗 (Contact Plug) 工程,由於此製程需要很精準的微影工程以及蝕刻工程,為了符合製程規格,相關之 ADI 以及 AEI 必須十分嚴謹且準確地檢查才可放行至下一步製程。

首先是接觸窗對準,符合 ADI CD 與 AA 規格後,即可進行蝕刻工程,即以電漿乾蝕刻 (Plasma Dry Etching) 將接觸窗蝕刻出來,將 ILD 蝕刻出許多接觸窗口 (Contact Window),再 AEI 檢查,一旦符合 AET CD 後,即可接觸填洞 (Contact Filling) 流程,相關製程如圖 6.3 所示,流程卡如圖 6.4 所示。

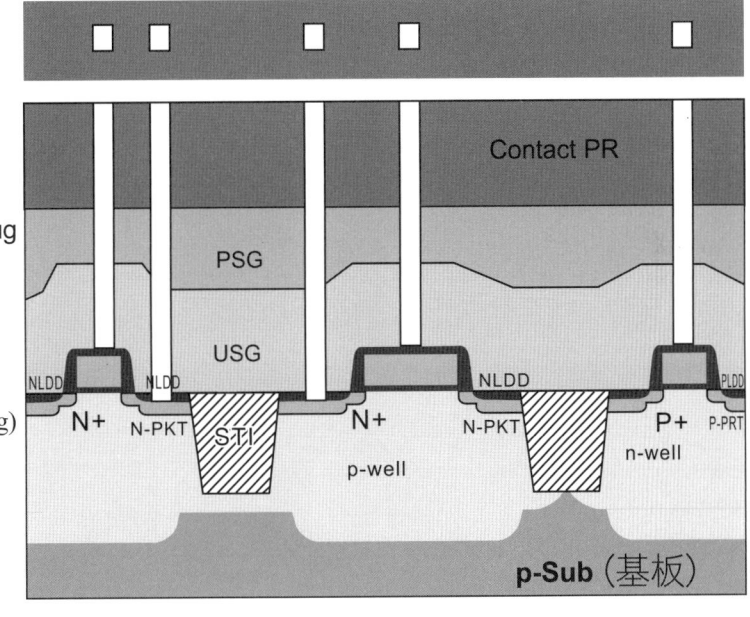

接觸窗製程 (Contact Plug Formation):
1. 接觸窗微影
 (Contact Lithography)
2. 接觸窗蝕刻
 (Contact Plasma Etching)
3. 光阻去除
 (P.R. Strip)

圖 6.3 接觸窗製程 (Contact Plug formation)

序號	製程	代號	規格
18	CONT-ALIGNMENT	CONT PHOTO	CONT-對準
18	CONT-ALIGNMENT	ADI CD	ADI-CD-CONT [+/−0.009]
18	CONT-ALIGNMENT	ADI AA	AA [+/−0.015]
18	CONT-ETCH	CONT B1	CONT-電漿蝕刻
18	CONT-ETCH	CONT B2	CONT-電漿清洗
18	CONT-ETCH	CONT B3	CONT-溶劑清洗
18	CONT-ETCH	CONT B4	AEI-CD-CONT
18	CONT-ETCH	CONT B5	AEI-C
18	CONT-ETCH	CONT B6	厚度量測 -THK SPEC [<3500]

▶ 圖 6.4　接觸窗製程流程卡

　　一旦接觸窗形成，接下來即進行填洞 (Filling) 工程，首先阻擋層 (Barrier Layer) 用 CVD 方式將 Ti 以及 TiN 沉積在接觸窗之側面以及底部，主要目的是作為後續金屬鎢 (Tungsten) 的黏著層 (Adhesion Layer)，另一方面也可阻擋鎢離子滲透至元件閘極氧化層造成元件損害。

　　然後鎢以 CVD 方式沉積入接觸窗內，由於鎢會完全將接觸窗填滿，而且會滿出接觸孔洞外整片覆蓋住晶圓表面，最後再利用 CMP 方式將鎢金屬研磨掉後，只留下填入孔洞之鎢金屬，我們稱之為鎢塞 (Tungsten Plug)，相關厚度量測需合乎製程規格，製作流程如圖 6.5 所示，流程卡見圖 6.6。

接觸窗填洞 (Contact Plug Formation)：
1. 阻擋層沉積 (Barrier Layer Deposition)
2. 鎢沉積 (WCVD Filling)
3. 鎢 (WCMP)

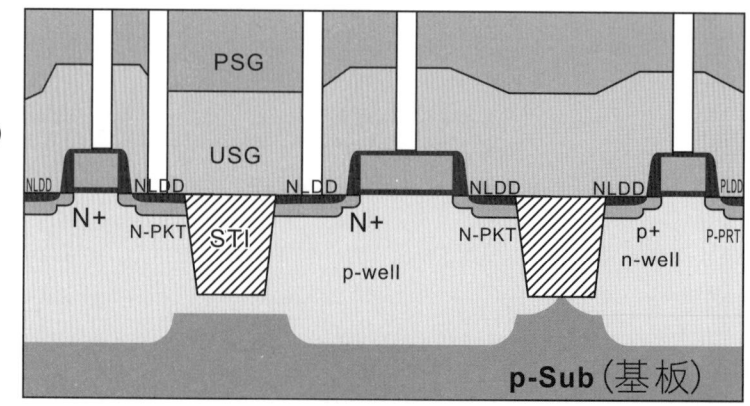

▶ 圖 6.5　接觸窗填洞製程

序號	製程	代號	規格
19	Ti-TiN WCVD	TiN WCVD	RF-IMPT1150/CVDTIN 濺鍍
19	Ti-TiN WCVD	TiN WCVD	CONTACT BARRIER 量測
19	Ti-TiN WCVD	TiN WCVD	WCVD-1K 沉積
19	WCMP	WCMP	CMP 研磨
19	WCMP	WCMP-A1	厚度量測-WCMP-AEI
19	WCMP	WCMP-A1	後段噴洗
19	WCMP	WCMP-A1	KLA 檢驗

圖 6.6　接觸窗填洞製程流程卡

6.3 金屬化 (Metalization) 製程──鋁金屬製程

接觸窗完畢後，接著金屬化製程，首先第一層金屬沉積，此方式大都針對鋁 (Aluminum) 來看，先以 CVD 方式沉積一層鈦以及 TiN 金屬層，目的是作為 Al 的黏著層 (Adhesion Layer) 以防止 Al 金屬會因與基板不易黏合而剝落 (Peeling)，接著則利用濺鍍法 (Sputtering) 將鋁金屬沉積在晶圓上，製程如圖 6.7 所示。

鋁金屬沉積後，即開始利用微影技術將金屬線定義出來，再利用蝕刻製程將第一層金屬 (Metal 1) 蝕刻出來，最後去除光阻後 (P. R. Striping)，第一層金屬之製程即告完成，相關之製程見圖 6.8。

第一層金屬化製程 (Metal 1 formation)：
1. 金屬黏著層沉積
   (Metal Liner Deposition)
   (Ti + TiN Metal Adhesion)
2. 金屬沉積
   (Metal Sputter)

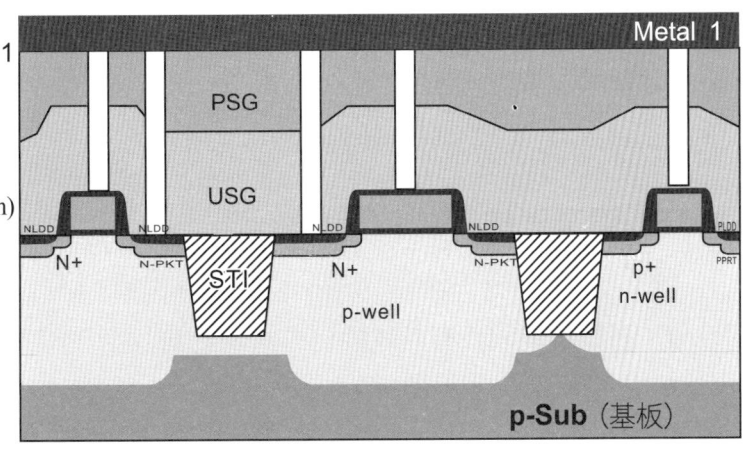

圖 6.7　第一層金屬化製程

第一層金屬化製程
(Metal 1 formation)：
1. 金屬層微影
   (Metal Lithography)
2. 金屬層蝕刻
   (Metal 1 Etching)
3. 光阻去除
   (P.R. Strip)

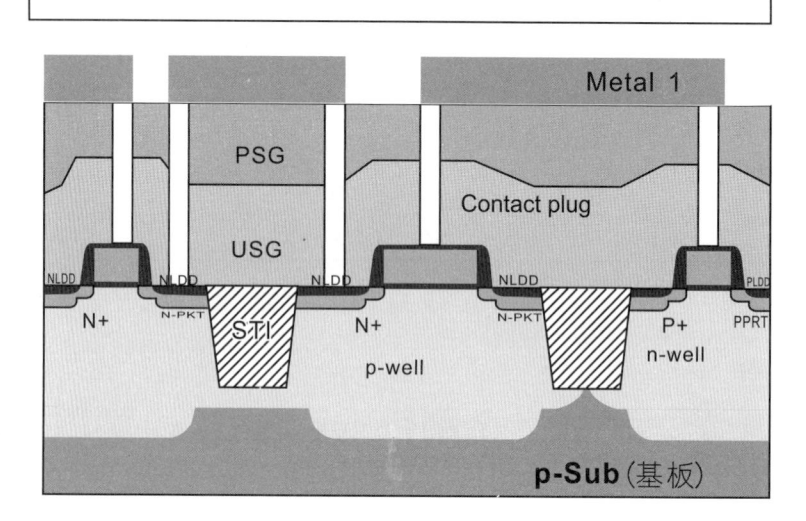

圖 6.8　第一層金屬化製程

6.4　金屬化製程──後段完全鋁製程

6.4.1　IMD Formation

完成第一層金屬化製程後，產品開始分成兩種製程，第一種延續鋁製程方式，首先以 HDP 方式沉積一絕緣層，此目的為填滿 (Gap Filling) 第一層金屬之間之空隙 (Gap)，接著則以 PECVD 方式沉積另一層絕緣層，主要目的在平坦化 (Planarization)，且提昇厚度讓後續之 CMP 有足夠之空間可以研磨至一定厚度。經由 CMP 研磨後之絕緣層，加以覆蓋一薄氧化層，即完成所謂 Inter-Metal-Dielectric (IMD) 製程，詳細製程如圖 6.9 所示。

6.4.2　管洞形成 (VIA Formation)

接下來利用微影技術將金屬間之接觸窗定義出來，我們稱此接觸窗為管洞 (VIA)，經微影後，我們以乾蝕刻方式將管洞蝕刻出來，並將底層之 Metal 1 曝露出來，詳見圖 6.9 所示製程流程。

金屬間管形成：
1. HDP 氧化層沉積
   (HDP-Oxide Deposition)
   (Gap Filling)
2. PECVD 氧化層沉積
   (PE-Oxide Deposition)
   (Planarization and Uniformity)
3. 1MD CMP
4. 管洞微影定義
   (MVIA Lithography Cycle)
5. 管洞蝕刻+光阻去除
   (MVIA Etching and P.R. Strip)

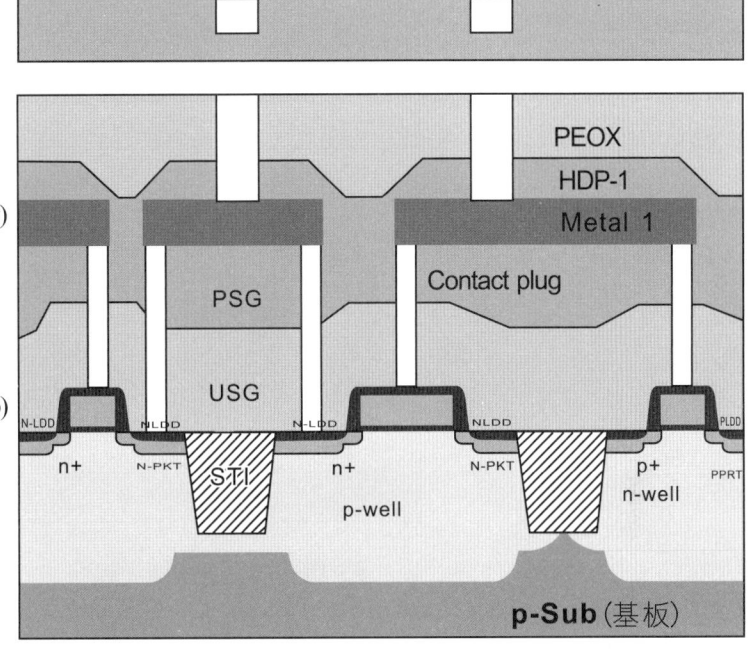

▶ 圖 6.9　金屬間管洞形成

6.4.3　管洞填洞製程 (VIA Plug Formation)

當管洞形成之後，重複接觸孔洞，即用鎢塞 (Tungsten Plug) 方式沉積 Ti/TiN 當黏著層，再以 CVD 將鎢沉積入管洞後，以 CMP 磨平，即完成管洞一之鎢塞製程。詳細製作流程如圖 6.10 所示。

6.4.4　金屬化製程——鋁製程 (Aluminum Line Process)

管洞一之製程完成後，繼續重複第一層金屬之方式，將鋁濺鍍至晶圓表面，再加以微影工程將第二層金屬定義出來，接續後面之乾式蝕刻，即可將第二層金屬蝕刻出來，光阻去除後，即完成鋁第二層金屬製程，圖 6.11 為詳細製作流程。

之後即重複絕緣層 (IMD)、管洞 (VIA)，以及金屬 (Metal) 之製作流程，依序完成 IMD (2～5)、管洞 (VIA2～VIA5) 以及金屬 (Metal #3～Metal #6) 等製程，即可完成所有金屬化製程，完成結構如圖 6.12 所示，為 0.25 μm 之邏輯金屬化流程。

管洞填洞製程：
1. 黏著層沉積
   (Glue Layer Deposition)
   (Ti + TiN for Plug Adhesion)
2. 鎢 CVD 沉積
   (WCVD Filling)
3. 鎢 CMP
   (WCMP)

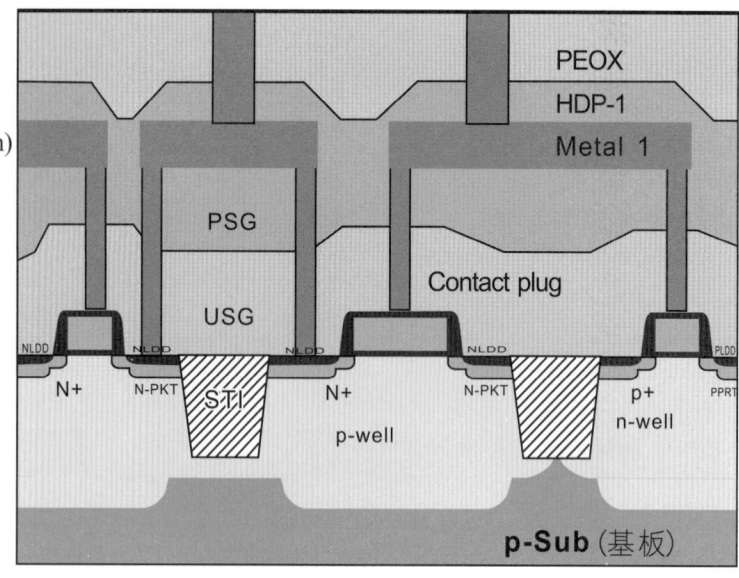

◉ 圖 6.10　管洞填洞製程

第二層金屬化製程：
1. 金屬黏著層沉積
   (Metal Liner Deposition)
   (Ti + TiN for Metal Adhesion)
2. 金屬濺渡
   (Metal Sputter)
3. 金屬微影
   (Metal 2 Lithography)
4. 金屬蝕刻
   (Metal 2 Etching)
5. 光阻去除
   (P.R. Strip)

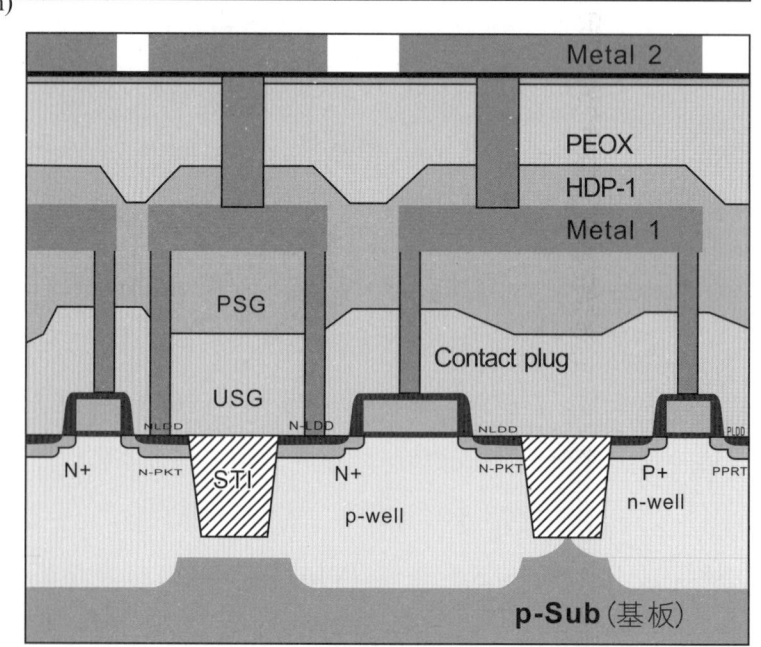

◉ 圖 6.11　第二層金屬化製程

1. 內連接導線
   第二層金屬
   (Interconnect Metal 2)

2. 接觸窗
   (Conact Plug)

內連接導線
第一層金屬

擴散層
(Diffusion)

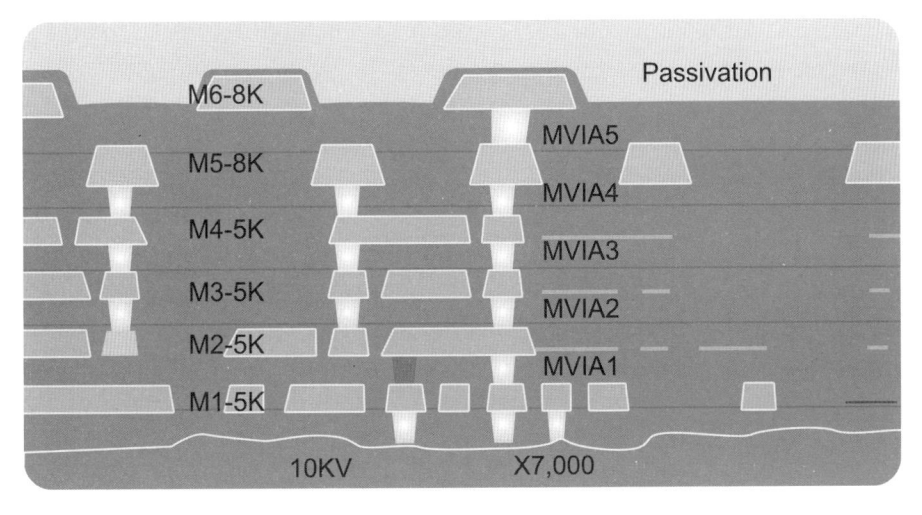

Passivation
M6-8K
MVIA5
M5-8K
MVIA4
M4-5K
MVIA3
M3-5K
MVIA2
M2-5K
MVIA1
M1-5K
10KV   X7,000

▶ 圖 6.12　鋁金屬內接線最終結構

6.5　金屬化製程──銅製程 (Copper Line Process)

　　除了 6.4 節所述之金屬鋁製程屬於較傳統之製程 (0.18 μm 世代以前) 外，目前金屬化製程幾乎以銅 (Copper) 製程來完成，也有部分產品在金屬──仍沿用鋁金屬製程，在第二層金屬後才開始改用銅製程，此為部分銅金屬化 (Partial Copper Process)。

　　然而，目前大多數的產品皆從第一層金屬即開始用銅製程，此為完全銅製程 (Fully Copper Process)。

6.5.1 第一層金屬製程

由於銅製程並非用蝕刻方式完成，而是改用嵌入法 (Damascense) 來實現，因此首先在 ILD 接觸鎢塞完畢後，即先沉積絕緣層約 3.6 K Å，之後以 CMP 研磨平坦化後，即以微影方式將第一層金屬 (Metal 1 Trench) 定義出來，須注意的是主要是以 Reverse Tone 之方式先將第一層金屬之位置預留下來，再經由 MI Trench 蝕刻出來後，緊接著用電鍍之方式 (ECP) 將銅沉積在 IMD 上之凹溝 (Trench) 中，再以 CMP 方式將不要之銅膜去除，即留下在 Trench 內之銅線，由側面所示 (用 TEM 判別) 可發現結構與傳統鋁沉積／蝕刻之方式很相似，只是材料由鋁轉變為銅而已，詳細製程見圖 6.13，而相關流程卡如圖 6.14～6.16 所示。

IMD 凹槽製程：
1. PECVD 氧化層沉積
   (PEOX-3.6 K Deposition)
2. IMD CMP
3. 第一層金屬微影定義
   (M1 Lithography)
4. 第一層金屬凹槽蝕刻
   (M1 Trench Etching)
5. 光阻去除
   (P.R. Strip)
6. 銅第一層金屬沉積
   [M1 Cu Electroplate (ECP)]
7. 銅 CMP
   (Cu CMP)
8. PECVD 氧化層沉積
   (PEOX-9K Deposition)
9. 第二層金屬微影定義
   (M2 Lithography)
10. 第二層金屬凹槽蝕刻
    (M2 Trench Etching)

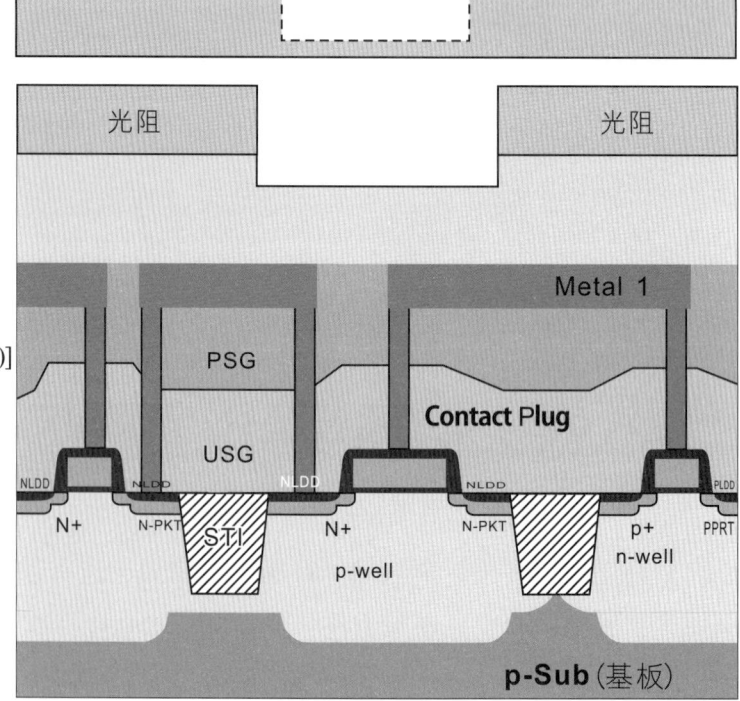

▶ 圖 6.13　IMD 凹槽製程

序號	製程	代號	規格
20	M1 TRENCH DEP	PESIN	PE-SION-300 沉積
20	M1 TRENCH DEP	M1 TRENCH	厚度量測
20	M1 TRENCH DEP	M1 TRENCH	PEOS-1100 沉積
20	M1 TRENCH DEP	M1 TRENCH	厚度量測-IMD
20	M1 TRENCH DEP	TRENCH DEP	PETEOS-0.5K 沉積
20	M1 TRENCH DEP	TRENCH DEP	厚度量測-IMD
20	TRENCH OXIDE CMP	TRENCH CMP	CMP 研磨
20	TRENCH OXIDE CMP	TRENCH CMP	厚度量測-CMP-AEI
20	M1 TRENCH DEP	TRENCH-B1	Particle 檢驗
20	M1 TRENCH DEP	SION150K	PE-SION 150_CAPOX 50 沉積
20	M1 TRENCH DEP	TRENCH-B2	Particle 檢驗

▶ 圖 6.14　第一層金屬凹槽製程流程卡一

序號	製程	代號	規格
21	TRENCH-MET1-ALIGNMENT	TRENCH MET1 Align	MET1 TRENCH 對準
21	TRENCH-MET1-ALIGNMENT	ADI CD	ADI-CD-MET1 TRENCH
21	TRENCH-MET1-ALIGNMENT	ADI AA	AA-MET1 TRENCH
21	TRENCH-MET1-ETCH	Particle 檢驗	KLA 檢驗
21	TRENCH-MET1-ETCH	ETCH MET1 TRENCH	MET1-TRENCH 蝕刻
21	TRENCH-MET1-ETCH	CLEAN	電漿清洗
21	TRENCH-MET1-ETCH	D MET1 TRENCH	厚度量測-MET1
21	TRENCH-MET1-ETCH	AEI CD MET1 TRENCH	AEI-CD-MET1
21	TRENCH-MET1-ETCH	CLEAN	MET1-TRENCH 電漿蝕刻
21	TRENCH-MET1-ETCH	D-MET1 TRENCH	厚度量測 -MET1TRENCH-AEI
21	TRENCH-MET1-ETCH	AEI CD	AEI-CD-MET1TRENCH

▶ 圖 6.15　第一層金屬凹槽製程流程卡二

序號	製程	代號	規格
22	CU MET1-ECP	CAL100C	CU-BARRIER
22	CU MET1-ECP	M1SEED	KLA 檢驗
22	CU MET1-ECP	CU 9K	CU-ECP-9K 沉積
22	MET1-ECP-CMP	CU CMP	CUCMP-M1 研磨
22	MET1-ECP-CMP	D CU CMP	厚度量測
22	MET1-ECP-CMP	Particle 檢驗	KLA 檢驗
22	MET1-ECP-CMP	RTA CMP	CU-POST-CMP-ANNEL

▶ 圖 6.16　銅嵌入式製程流程卡

6.5.2　第二層金屬以後金屬化製程

第一層金屬銅線完成後，後續之製程為在 IMD 將管洞 (VIA) 加上金屬層 (Metal Trench) 一起先預留下來給後續銅用嵌入法填入，所以一次完成管洞銅塞 (Cu Plug) 以及銅導線 (Copper Metal Line) 之結構。

首先我們沉積絕緣層 9 KÅ 的厚度，再利用微影方式將 Metal 2 Trench 定義出來，接續以乾式蝕刻將 Metal 2 Trench 先蝕刻出來，詳細流程見圖 6.17 所示，流程卡如圖 6.18 所示。

接下來再用微影方式將管洞一 (VIA 1) 定義出來，再以蝕刻方式將管洞蝕刻出來，詳見圖 6.18 的流程。如此一來，即形成如圖 6.19 之圖形，Trench/VIA 凹槽。

接下來再以 ECP 方式將銅沉積填入此 Trench/VIA 凹槽中，再利用 CMP 將多餘之銅膜去除後，即留下僅在凹槽中之銅線與銅塞，由 TEM 可以發現此方式做出來之樣式與傳統之鋁線／鎢塞相似，只是材料轉為銅線／銅塞而已。詳細流程見圖 6.20 與圖 6.21，流程卡見圖 6.22。

接下來之各層即以重複之方式將 Metal 3 Trench/VIA 2、Metal 4 Trench/VIA 3 依序以微影／蝕刻形成凹槽後，再以 ECP 方式將銅沉積入凹槽，加以 CMP 研磨完成所有之金屬層，直到至最後頂層金屬層 (TOP Metal)，最後以氧化層加上氮化矽 (SiN) 沉積一厚的絕緣層 (約 20 K Å)，再以微影加上蝕刻方式將 Top Metal

Chapter 6 模組設計（三）：後段製程

1. 管洞－微影定義
   (MVIA1 Lithography)
2. 管洞－蝕刻
   (MVIA1 Plug Etching)

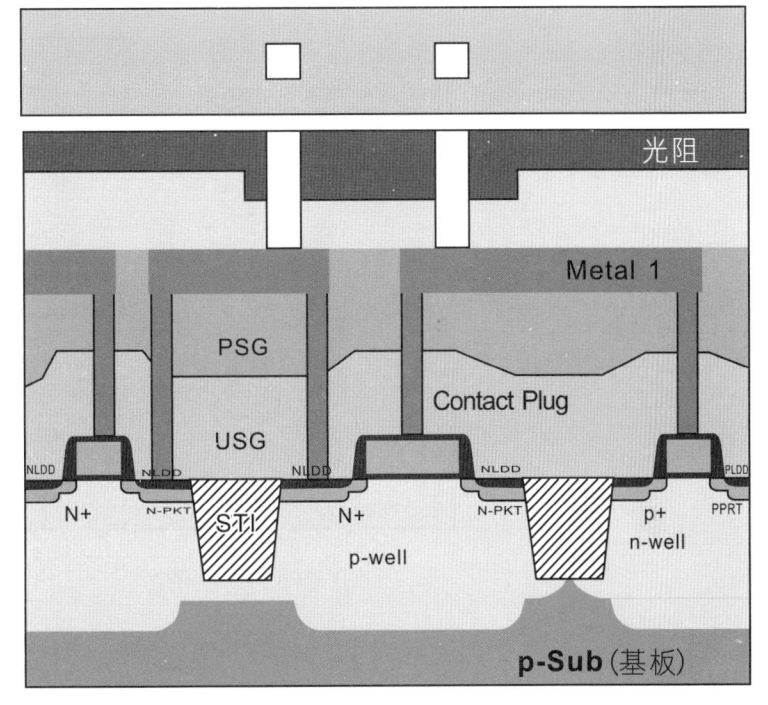

▶ 圖 6.17　IMD 管洞製程

序號	製程	代號	規格
23	IMD1-M2TRENCH/VIA1DEP	SION-500	PE-SION-500 沉積
23	IMD1-M2TRENCH/VIA1DEP	D IMD1	厚度量測-IMD1
23	IMD1-M2TRENCH/VIA1DEP	PEOX 1400	PE-1400 沉積
23	IMD1-M2TRENCH/VIA1DEP	D IMD1M2 TRENCH	厚度量測-IMD1 M2 TRENCH
23	IMD1-M2TRENCH/VIA1DEP	TEOS1.4K VIA1	PETEOS-1.4K 沉積
23	IMD1-M2TRENCH/VIA1DEP	D IMD1VIA1	厚度量測-IMD1VIA1
23	IMD1-M2TRENCH/VIA1DEP	SION150K50	PE-SION 150_CAPOX 50 沉積
23	MET2 TRENCH ALIGNMENT	MET2 TRENCH	MET1-對準
23	MET2 TRENCH ETCH	VIA	ADI-CD-MET2 TRENCH
23	MET2 TRENCH ETCH	VIA	AA-MET2 TRENCH
23	MET2 TRENCH ETCH	D AEI	厚度量測-MET1
23	VIA1-ALIGNMENT	VIA1-ALIGNMENT	MVIA1-對準
23	VIA1-ALIGNMENT	ADI	ADI-CD
23	VIA1-ALIGNMENT	AA	AA
23	VIA1-ETCH	D AEI	厚度量測-VIA AEI
23	VIA1-ETCH	AEI	AEI-CD-MET1

▶ 圖 6.18　管洞製程流程卡

凹槽製程：
1. 凹槽製程
   (Trench/VIA Formation)
2. 凹槽黏著層沉積
   (Trench Liner Deposition)

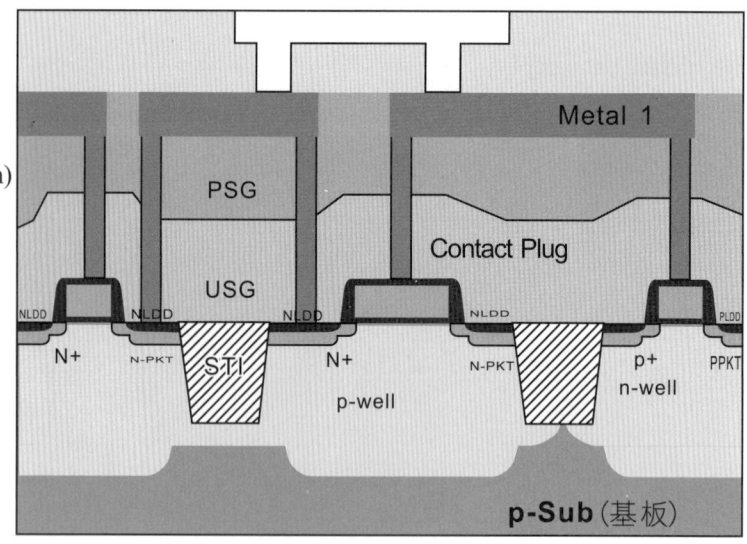

● 圖 6.19　凹槽製程

無電鍍銅沉積
(M2/MVIA1 Cu ECP)

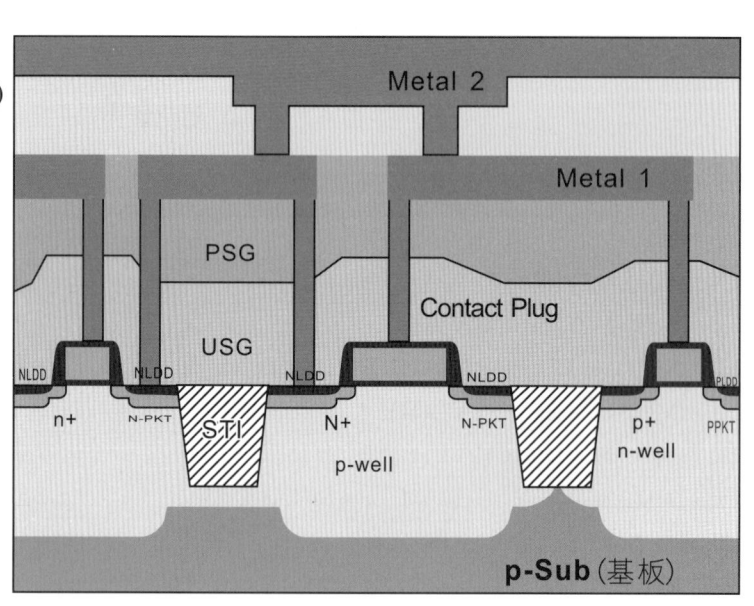

● 圖 6.20　銅嵌入式製程

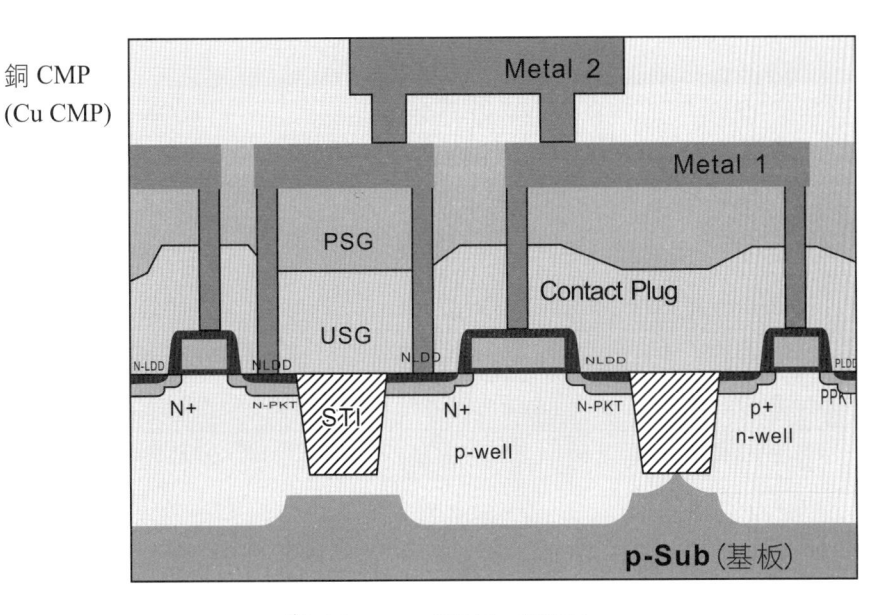

● 圖 6.21　銅嵌入式製程

裸露出來，以方便進行後續封裝工程 (Packaging)，詳見圖 6.23 的流程卡所示。

如此半導體積體電路製程即告完成。圖 6.24 所示為全銅嵌入式後段製程之完成圖，可以見到除了 ILD 接觸窗以鎢塞形成外，其餘皆以銅製程完成，也搭配低介質材料 (Low-K) FSG 來減少旁生電路，此為目前常用之先進後段金屬化製程。

序號	製程	代號	規格
24	Cu-MET2 ECP	CAL100	Cu-BARRIER
24	Cu-MET2 ECP	M1SEED	KLA 檢驗
24	Cu-MET2 ECP	Cu10K	Cu-ECP10K 沉積
24	Cu-MET2-CMP	Cu CMP	CuCMP-M1 研磨
24	Cu-MET2-CMP	D-AEI	Cu-厚度量測
24	Cu-MET2-CMP	M1CMP	KLA 檢驗
24	Cu-MET2-CMP	CAL100	Cu-POST-CMP-ANNEAL

● 圖 6.22　銅嵌入式製程流程卡

序號	製程	代號	規格
25	Cu-PAD DEP	PEOX11K	PE-OX-11K 沉積
25	Cu-PAD DEP	PSG4K	PE-PSG-4000 沉積
25	Cu-PAD DEP	SIN5K	PE-SIN-5K 沉積
25	Cu-PAD ALIGNMENT	PAD Align	PAD-對準
25	Cu-PAD ALIGNMENT	PAD ADI CD	Cu-PAD-ADI
25	Cu-PAD ETCH	AL_R3OE75	PAD-蝕刻
25	Cu-PAD ETCH	Cu PAD A1	反射率量測
25	Cu-PAD ETCH	CLEAN	PAD 電漿清洗
25	Cu-PAD ETCH	Cu PAD CD	Cu-PAD-AEI

▶ 圖 6.23　最終金屬層 (Top Metal) 製程流程卡

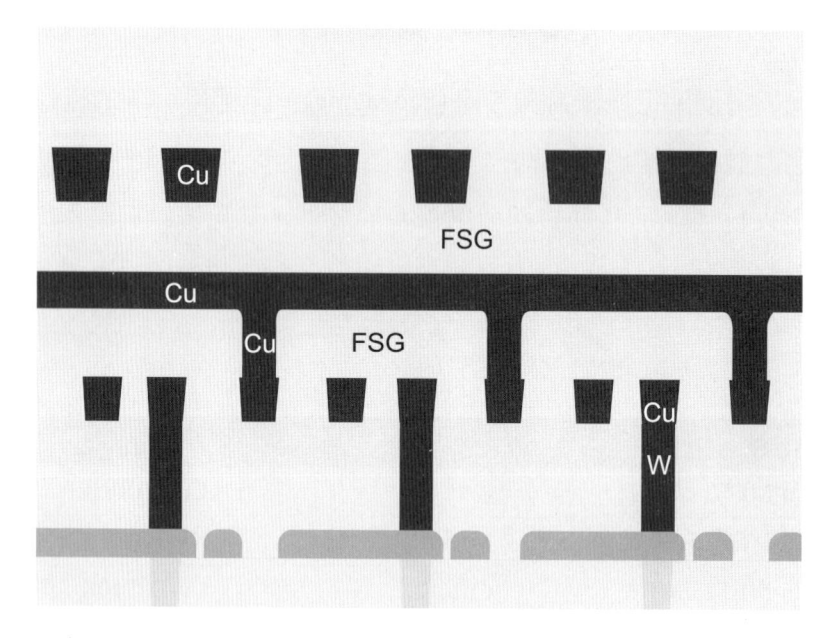

▶ 圖 6.24　全銅嵌入式製程結構 (Fully Copper Dual Damascene)

6.6 習題

1. 請說明內連線 (Interconnection) 之目的為何？
2. 元件之間的連線需注意哪些問題？
3. 何謂接觸窗？接觸窗工程為何？
4. 何謂管洞？管洞工程為何？
5. 金屬線之間的絕緣層製程最重要為何？
6. 說明 Al/SiO$_2$ 之金屬化製程。
7. 為何要用銅取代鋁金屬？
8. 為何要用 low-k 取代 SiO$_2$。
9. 請說明銅嵌入式製程。

製程變異與控制 7

Process Variance and Control

本章針對半導體製程中面臨之製程變異時所需注意的變異參數，以及如何制定規格來控制製程變異。

7.1 製程規格訂定

由於半導體製程大致分為薄膜、微影、蝕刻與擴散四大模組；另外，薄膜之平坦化也是需要仔細控制的，如圖 7.1 所示相關重要模組所需注意之製程規格，由圖可知，每一項模組製程皆有其必須注意以及控制之製程參數，且所有參數皆需合乎該製程所要求之規格，因此規格會因不同技術世代而有所不同，不同公司所要求之規格也不盡相同。

半導體製程規格之訂定流程如圖 7.2 所示，首先 IC 設計者 (Designer) 依公司給的模型 (Model) 來設計線路 (Circuit) 後，然後將線路轉成圖案，經計算得到所需之晶片 (Chip) 之面積大小，再將此圖案資料交由製程公司或代工廠 (Foundry)，工廠即檢查是否符合公司製程之設計法則 (Design Rule)，依此法則來訂定此製程之製程規格，由於法則與製程規格會影響到生產時之良率 (Yield)，所以必須十分謹慎地確認與訂定，一旦訂定完成，即交付出光罩 (Mask)，進行後續之製程。

圖 7.1 半導體製程評估規格

熱氧化層 (Thermal Oxidation)
- 厚度 (Thickness)
- 屈折律率 (Refractive Index)
- 蝕刻率 (Etching Rate)
- 氧化層中電荷 (Charge)
- Oxide/Si 界面 (Interface)
- 氧化層介電破壞 (Breakdown)
- 製程溫度 (Processing Temp.)
……

薄膜 (Thin Film)
- 厚度
- 均勻度
- 蝕刻率
- 填洞 (Gap Fill) 能力
- 介電常數 (Dielectric Constant)
- 製程溫度
- 應力 (Stress)
……

微影 (Litho Lithography)
- ADI CD
- Alignment
- 均勻度
- 光阻厚度
- 光阻 Profile
- Soft/Hard Bake Temp
……

蝕刻 (Etching)
- AEI CD
- 選擇比
- 均勻度
- Profile
- Charge Damage
- Process Temp.
- Etching Rate
……

化學機械研磨 (CMP)
- 研磨率
- 選擇比
- 均勻度
- Dishing
- Particle
……

擴散 (Diffusion)
- 深度
- 濃度
- Profile

圖 7.1 半導體製程評估規格

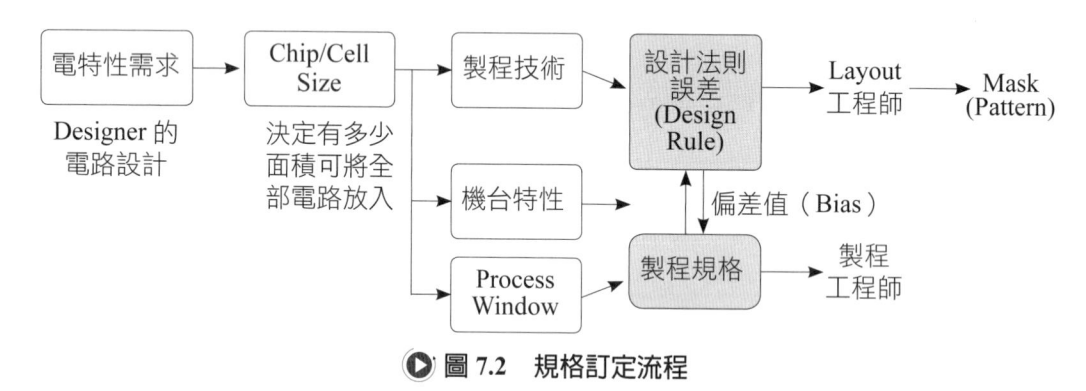

圖 7.2 規格訂定流程

以下我們針對不同模組逐一分析相關製程變異參數。

7.2 薄膜製程

在薄膜製程中，最常用的是氧化製程(Oxidation)，由於氧化可分為乾式氧化(Dry Oxidation) 與濕式氧化 (Wet Oxidation)，由於二種製程皆會消耗矽基板之一定量，所以在控制矽與氧化層之間之介面平坦度，以及矽的消耗厚度一定需小心控制。

另外，CVD 與 PVD 方式之氧化層較無矽消耗問題，只要仔細控制矽／氧化層之介面性質即可，相關成膜方式如圖 7.3 所示。

在氧化過程中，我們首先需訂出會影響氧化成膜之製程參數，即影響氧化速率的變異參數，如圖 7.4 所示，我們大致可訂出影響氧化速率之參數為氧化物質、成長溫度、基板濃度以及氧化方式等，而氧化速率也可以用模型 (Model) 來說明成長機制，如此一來，製程設計者就可以依此些參數來訂定所需之氧化層薄膜之製程規格，並訂出可能之變異參數加以控制以提升生產之良率。

如果要繼續評估氧化層之薄膜特性，如圖 7.5 所示，我們可以針對不同之成長方式，包含 Dry、Wet 以及不同 CVD 等沉積方法來評估，也可以依成長溫度來評估，而評估之氧化層薄膜之特性可包含厚度、屈折律率、蝕刻率、氧化層中電荷、氧化層／矽界面特性，以及氧化層之介電崩潰。

● 圖 7.3　不同薄膜之成膜方式

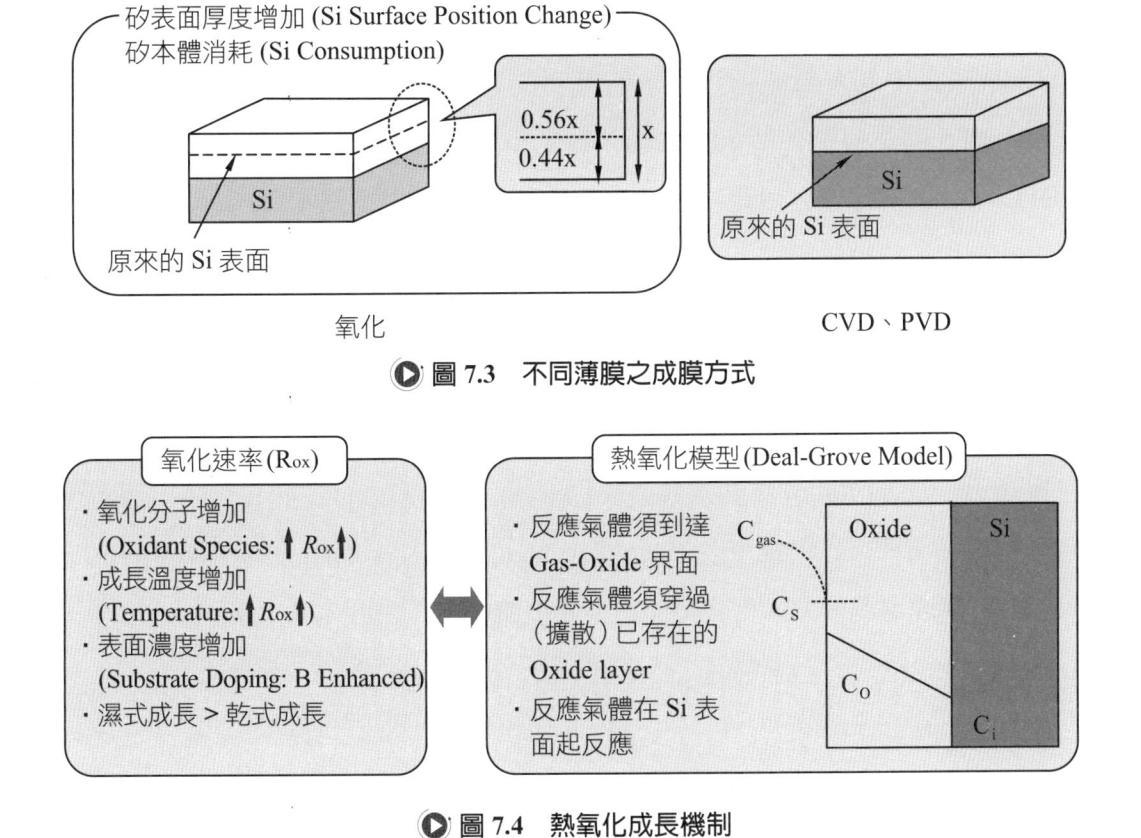

● 圖 7.4　熱氧化成長機制

```
┌─────────────依成長方式─────────────┐
│  生長方式      密度      蝕刻率 (HF Solution) │
│   乾式         high            Low           │
│   密化          │              │             │
│   濕式          │              │             │
│   CVD           ▼              ▼             │
│   PECVD        Low            High           │
└──────────────────────────────────────────────┘

┌────依成長溫度────┐    ┌─────────評估氧化層─────────┐
│ 生長溫度   密度  │    │ ・厚度 (Thickness)          │
│ Low(600°C) High │    │ ・屈折律率 (Refractive Index)│
│    │        │   │    │ ・蝕刻率 (Etching Rate)     │
│    ▼        ▼   │    │ ・氧化層中電荷 (Charge)     │
│ High(1150°C) Low│    │ ・Oxide/Si 界面 (Interface) │
└─────────────────┘    │ ・氧化層介電崩潰            │
                       │   (Breakdown)               │
                       └─────────────────────────────┘
```

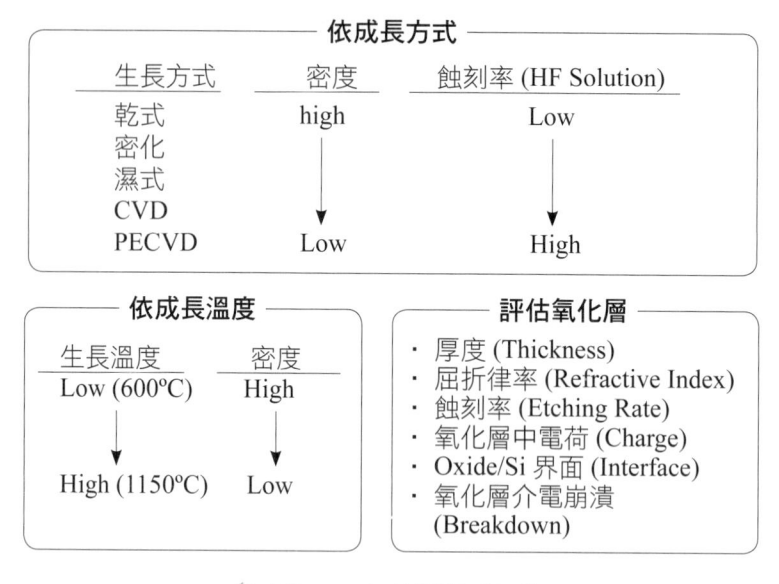

▶ 圖 7.5　氧化層薄膜評估

7.2.1　CVD 薄膜評估

我們針對用 CVD 方式形成之薄膜做一評估說明，由圖 7.6 所示，可以得知 CVD 成長機制分為五種程序，所以不同之 CVD 將有不同之程序差異，因此會形成不同之薄膜外型，詳如圖 7.7 所示，LPCVD、SACVD、PECVD 以及 HDPCVD 所沉積出來之薄膜外型皆不可，所以在選擇不同 CVD 薄膜製程時所訂定之製程規格也要不同。

另外，不同材料所需之 CVD 成長方式以及成長溫度皆有不同，如圖 7.8 所示，在成長不同薄膜時，除了薄膜特性外，我們大都以薄膜之填洞能力(Filling)，以及是否正向覆蓋 (Conformal) 來評估薄膜好壞，圖 7.9 即可定出接觸窗或管洞之寬高比 (Aspect Ratio) 來要求薄膜製程工程師將薄膜成長在此孔洞中，而判定薄膜沉積好壞即可以階梯覆蓋 (Step Coverage) 來評估，即越大的階梯覆蓋值即表示好的薄膜填洞能力，相關可能之薄膜填洞外型可由圖 7.10 所示。

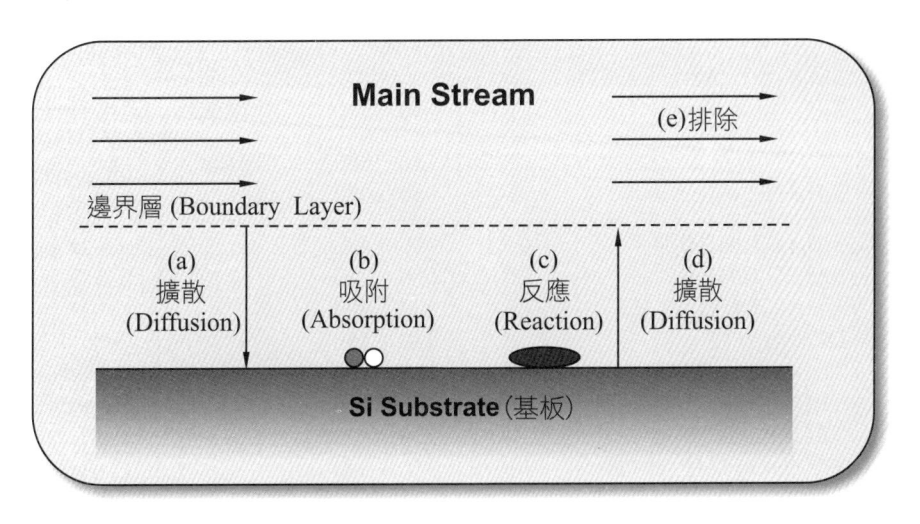

●圖 7.6　CVD 沉積機制

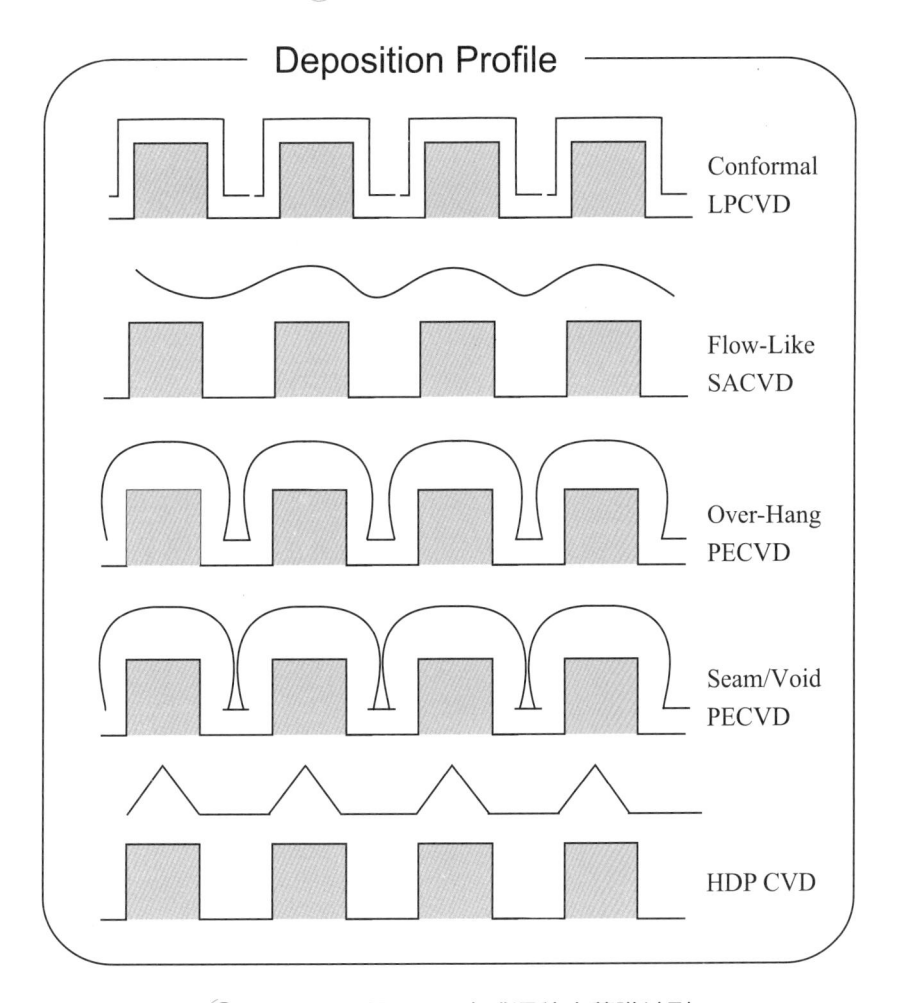

●圖 7.7　不同 CVD 方式沉積之薄膜外型

材料	反應氣體	方法	溫度(°C)	用途	備註
Poly-Si	SiH_4	LP	500～700	半導體	溫度控制結晶度
Si_3N_4	$DCS+NH_3$ $SiH_4+NH_3+N_2$	LP PE	750～850 350～400	Barrier Passivation	Reduce H 含量
SiO_2	$SiH_4+O_2(PH_3+B_2H_6)$ $SiH_4+O_2(PH_3+BCl_3)$ $SiH_4+N_2O(PH_3+B_2H_6)$ $DCS+N_2O$ $TEOS(PH_3, TMP)$ $TEOS+O_2(PH_3, TMP)$ $TEOS+O_3$ $TEOS+O_3(TMP, TMB)$	AP LP PE LP LP PE AP, LP AP	400～480 650～750 200～400 750～850 650～750 350～500 350～500 350～500	Isolation	Doped Doped Doped Reduce H 含量 Doped (TEOS) Doped (TEOS) Doped (BPSG)
WSi	WF_6+SiH_4	LP	300～400	導線	
Cu	$Cu^I(hfac)(tmvs)$, $Cu^{II}(hfac)_2+H_2$	LP	350～450	導線	
W	WF_6+H_2 WF_6+SiH_4	LP LP	400～500 400～500	導線	
TiN	$TiCl_4+NH_3$ $TDEAT+NH_3$ $TDMAT (+NH_3)$	LP LP LP	400～700 400～700 400～700	Barrier ARC	
Al	DMAH Dimer Thermal Decomposition	LP	150～300	導線	

圖 7.8　不同 CVD 方式所沉積之材料種類

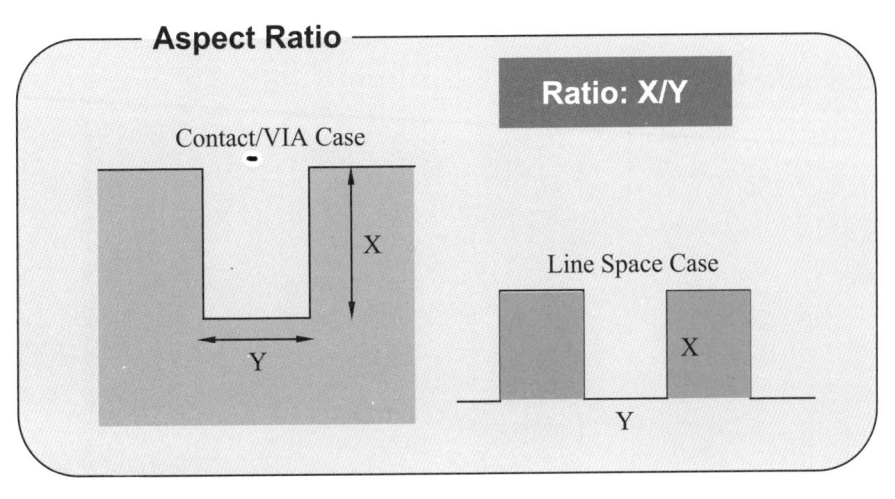

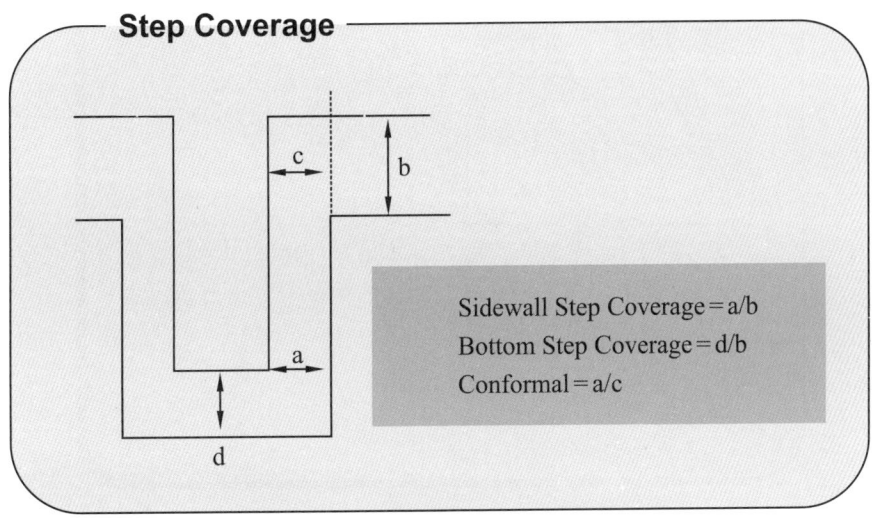

圖 7.9　薄膜填洞之能力判定方式

平坦階梯覆蓋
快速表面遷移

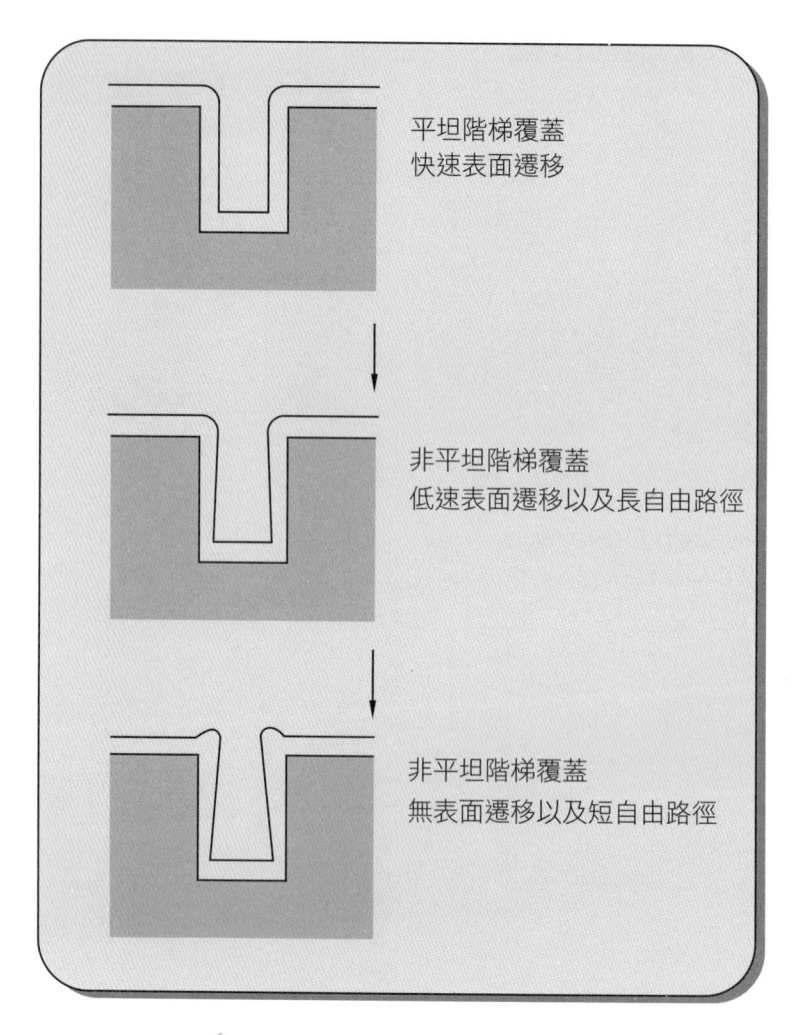

非平坦階梯覆蓋
低速表面遷移以及長自由路徑

非平坦階梯覆蓋
無表面遷移以及短自由路徑

圖 7.10　薄膜填洞之成長外型

7.3　微影製程

接下來針對微影製程所需評估之方式做一說明。圖 7.11 指出在微影之後 (After Development Inspection, ADI)，通常會量測圖案中最小尺寸或特定之處，即所謂 CD (Critical Dimension)，以確保圖案能達到製程規格要求。相關 CD 之量測方式與可能圖案如圖 7.11 所示。由於曝光後之光阻是影響後續蝕刻製程前之最重要也是最後之把關的程序，所以一定要完全合乎製程規格後才可放行，否則需要重作 (Rework)，以避免造成製程上的損失。相關的光阻曝光後之可能

圖案如圖 7.12 所示，可見的是，任何不符合製程規格之圖形在 ADI 是要十分注意且要小心掌控的。

圖 7.13 所示為因管洞對準 (Alignment) 不良，而可能造成之後續金屬填洞不易而造成電性 (接觸電阻) 變大的例子。

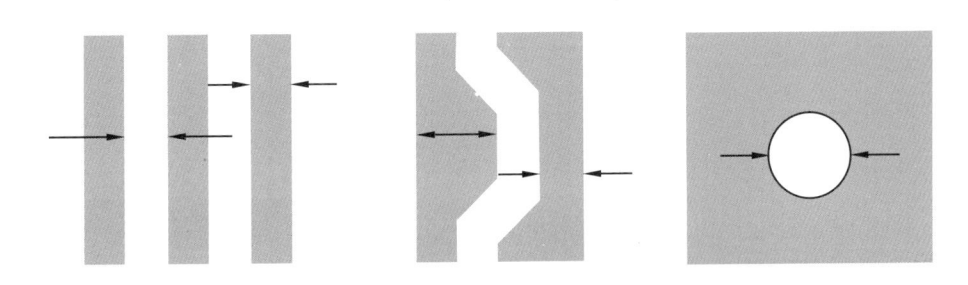

▶ 圖 7.11　CD 的量測方式

▶ 圖 7.12　光阻曝光後之可能圖案

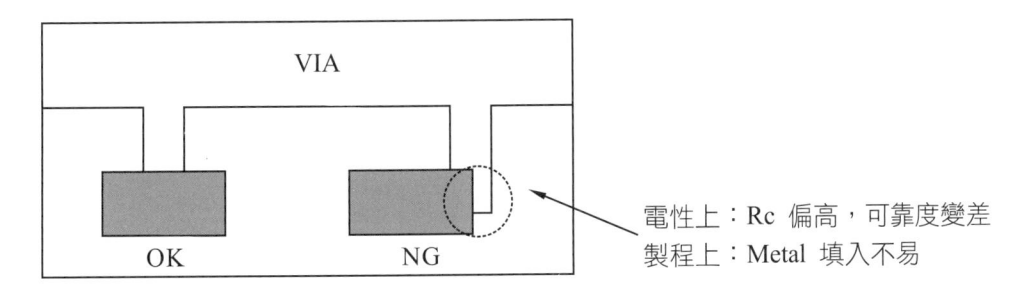

電性上：Rc 偏高，可靠度變差
製程上：Metal 填入不易

▶ 圖 7.13　微影可能面臨之對準問題

7.4　蝕刻製程

蝕刻製程是接續微影製程之後的，在通過 ADI 之製程規格後，即進行蝕刻製程，而評估之項目大致可由以下因素所示：

1. 蝕刻率 (Etching Rate)
2. 均勻性 Uniformity U% = (Max − Min)/(Max + Min)
3. 選擇性 (Selectivity) = ER1/ER2
4. Etching Bias = AEI − ADI，AEI：After Etching Inspection
5. 圖案外型 (Profile)
6. Micro-Loading Effect，即對不同的 Pattern Density 有不同之選擇性與 Profile
7. Aspect Ratio (AR) = h/d
8. RIE Lag，即 ER 因 AR 增加而減少

相關示意圖可由圖 7.14 所示。

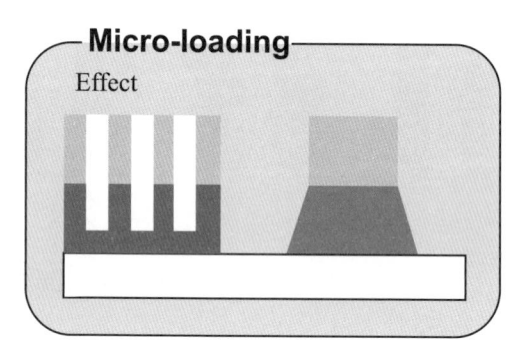

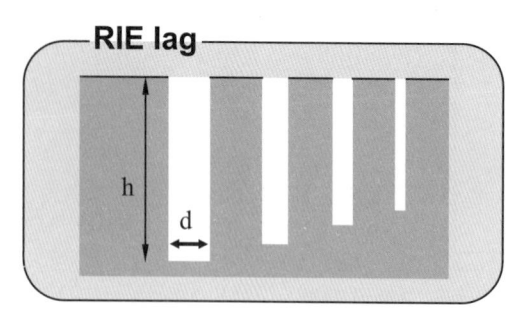

● 圖 7.14　蝕刻製程之評估

7.5　平坦化

平坦化 (Planarization) 製程會明顯影響後續相關微影製程之製程容忍度 (Process Window)，所以在製程不斷進入新世代時，因金屬層增加而對微影之景

深 (Depth of Focus) 之要求增加的情況下，平坦化是十分重要且需小心控制的，詳見圖 7.15 所示之說明。

如何評估平坦化可由圖 7.16 所示，我們可以用台階高度 (Step Height) 來評估可能的平坦化行為，明顯可見平坦化受台階的疏或密，以及高低差大小，或台階尺寸大小有關，評估標準需考量整體性，才可準備訂定製程規格。

圖 7.17 所示為平坦化可能因台階疏密以及高低差所造成 Dishing 與 Erosion 等問題。

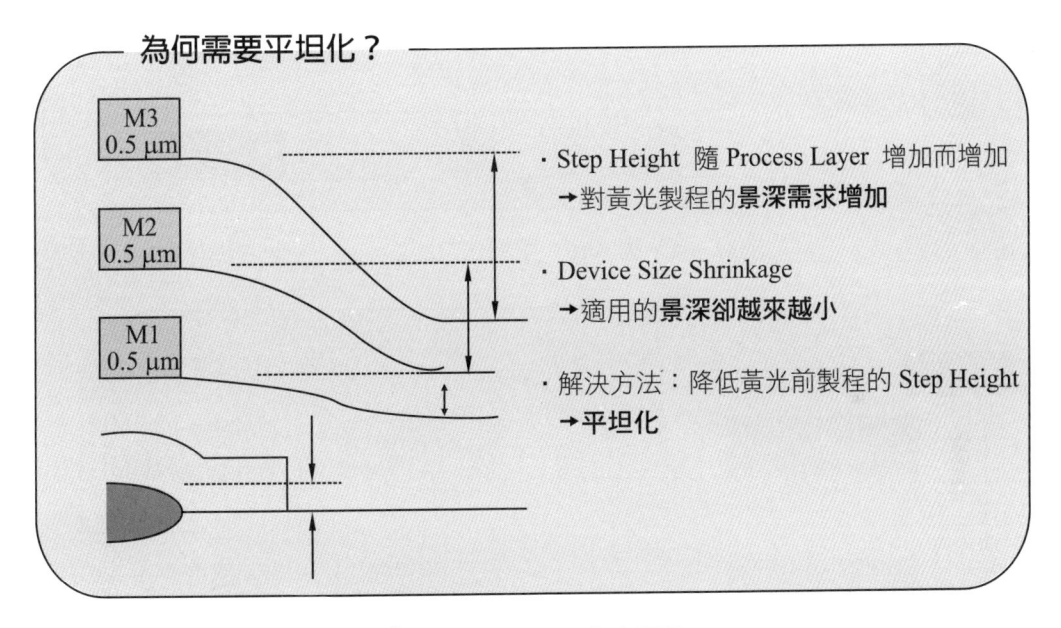

圖 7.15　平坦化之目的

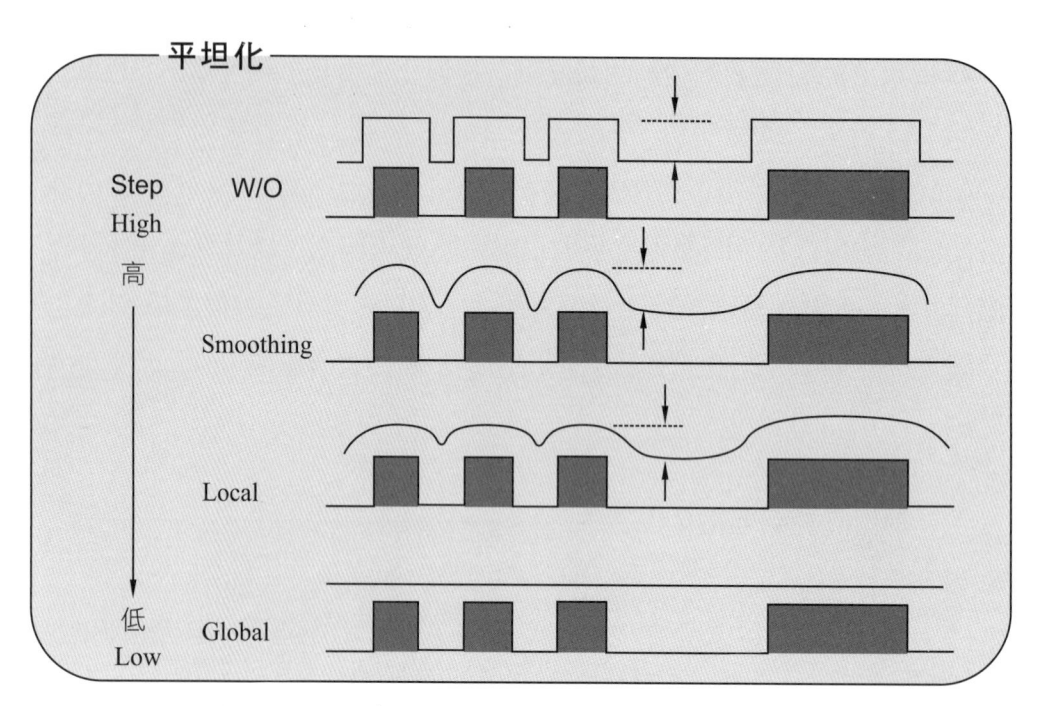

圖 7.16　平坦化之評估

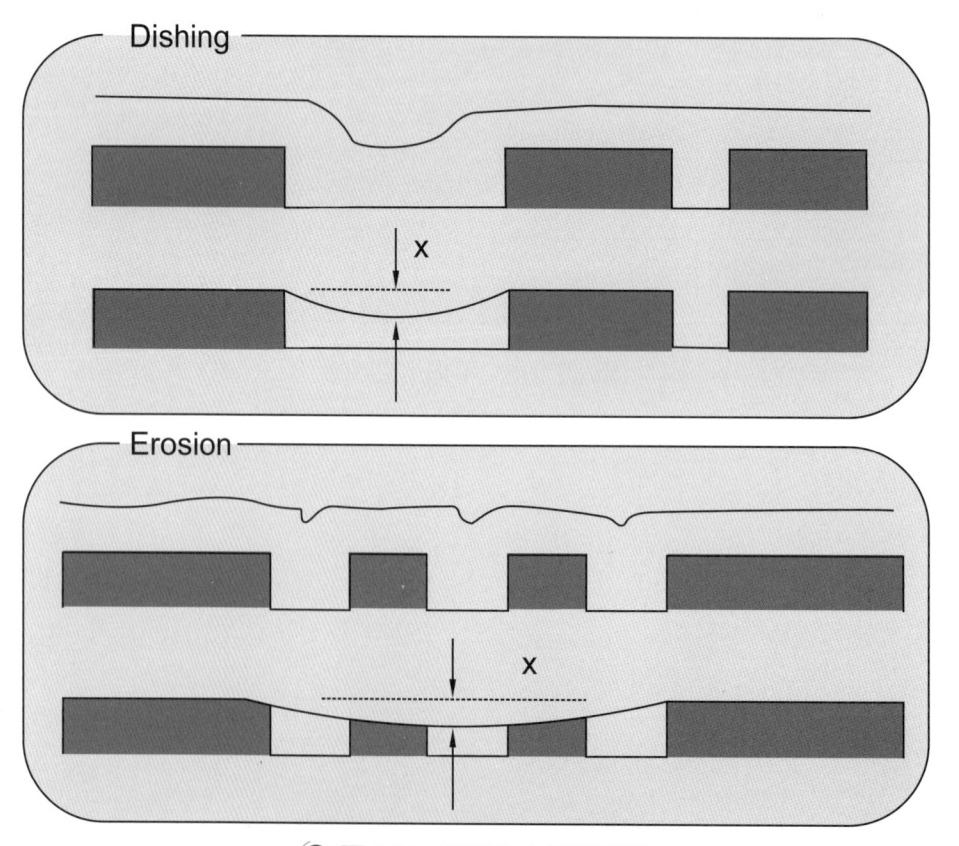

圖 7.17　平坦化之可能問題

平坦化之方式有許多，如圖 7.18 所示包含 BPSG 沉積後再加上高溫回流 (Reflow)，另外也用 SOG (Silica on Glass) 沉積薄膜後，再利用回蝕 (Etching Back) 來平坦化。以上方式皆面臨高溫以及吸水性等問題，所以漸漸地改用化學機械研磨 (CMP) 來完成平坦化製程，由於 CMP 製程很穩定且較不受材料不同與台階高度之影響，至今已為平坦化製程之主流，而評估方式大都較簡單 (以厚度為主) 且容易達成。

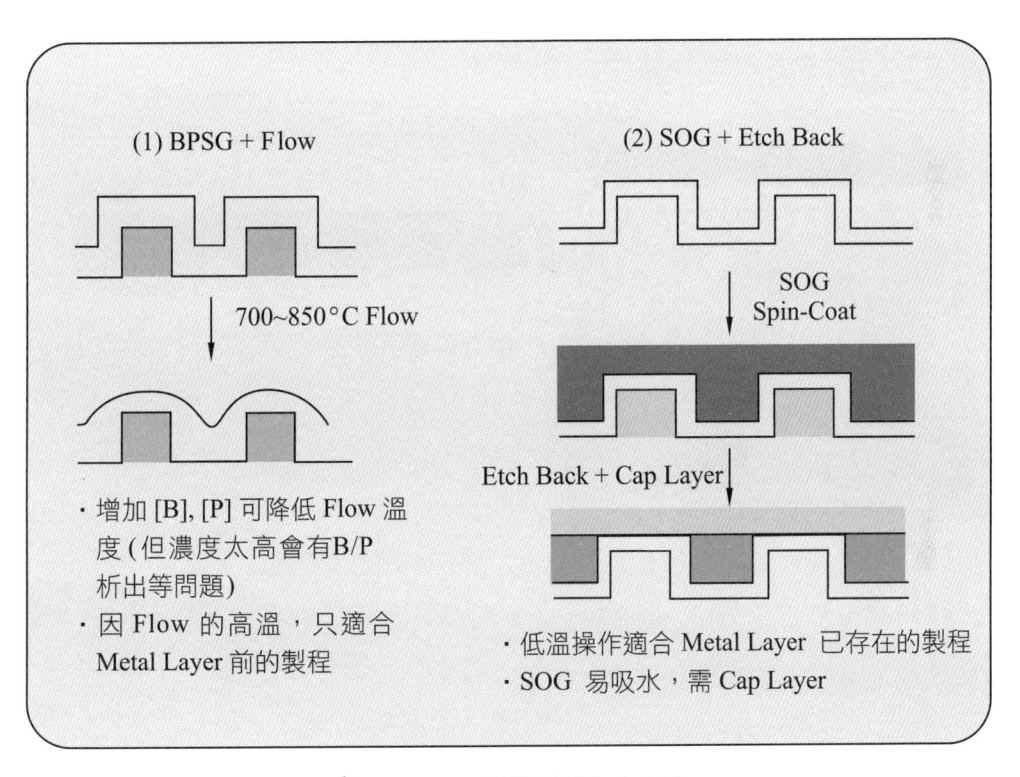

圖 7.18 相關平坦化之方法

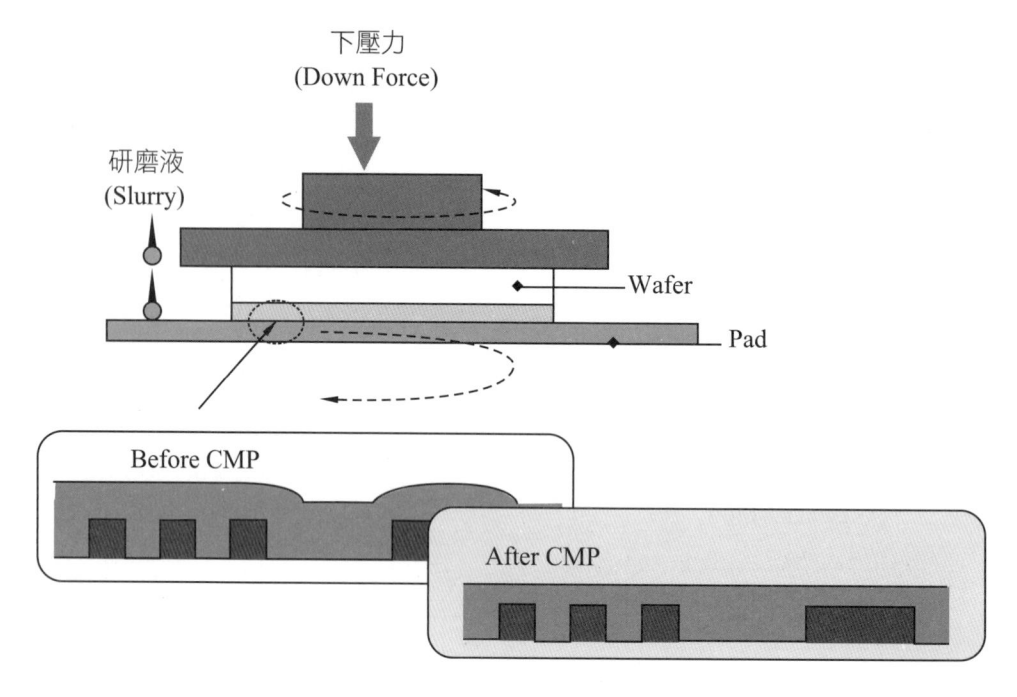

圖 7.19　CMP 之製程示意圖

7.6　習題

1. 請說明半導體製程各模組所需注意可能造成製程變異之因素。
2. 請說明製程規格訂定之流程。
3. 請比較氧化 CVD/PVD 之間的差別。
4. 如何評估 CVD 薄膜製程好壞。
5. 何謂 Step Coverage？
6. 何謂 Aspect Ratio？
7. 何謂 ADI？何謂 CD？CD 的量測方式有哪些？
8. 如何評估光阻顯影後之好壞？
9. 如何評估蝕刻製程？
10. 如何評估平坦化製程？

製程規範規劃與光罩製作 8

Mask Tooling and Mask Fabrication

本章主要是在製造元件時,所需訂定之製程規格 (Process Specification) 以及所衍生之設計法則 (Design Rule)。

8.1 製程規格

由圖 8.1 所示,為了要精確地定義出每道製程步驟所要達到的目標,特別需要訂定製程規格 (Process Specification),由圖可見,在積體電路製程中,尤其四大模組製程內所面臨到各種不同製程參數 [如厚度、均勻度、最小尺寸 (Critical Dimension) 等] 需訂出一可以接受之規格,如此才可保證在之後量產可以完全掌握晶圓的生產品質符合最後需求,並達到電路呈現之電性成果,主要是避免因製程不穩而影響到最後積體電路之電性表現,造成客戶的損失。

8.2 製程規格之評估項目

評估項目很多,舉例而言,在製程中,最常要訂定製程所能完成之最小尺寸 (Critical Dimension, CD),以確保圖案可以被確實完成。以微影製程為例,圖 8.2(a) 為圖案曝光時 CD 所要面臨之問題,CD 不合原因有:(1) 製程參數不對——多為設定問題,如曝光量、景深用錯;以及 (2) 製程限制——景深不足、解析度不足、光學效應 (Proximity Effect),

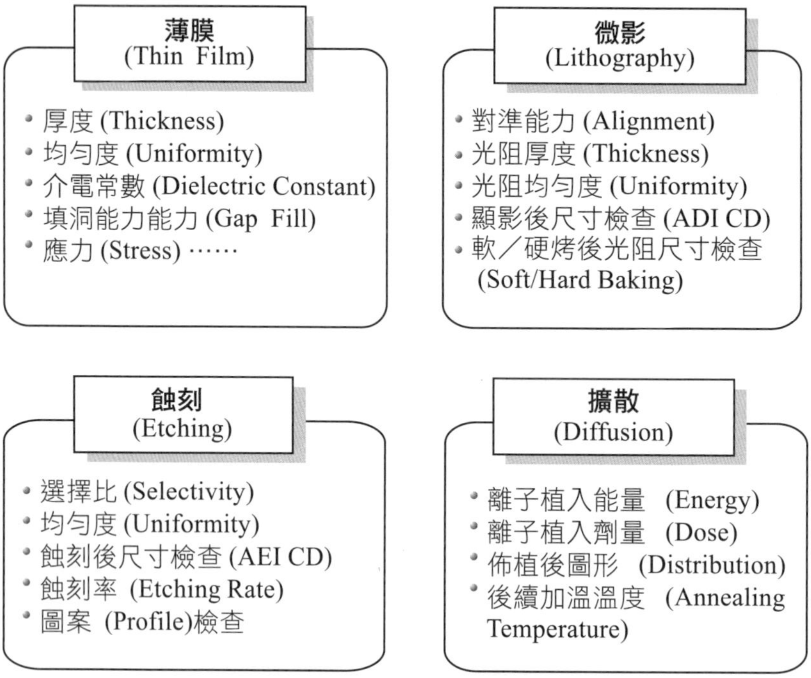

```
┌─────────────────────────┐      ┌─────────────────────────┐
│         薄膜            │      │         微影            │
│      (Thin Film)        │      │     (Lithography)       │
│                         │      │                         │
│ • 厚度 (Thickness)      │      │ • 對準能力 (Alignment)  │
│ • 均勻度 (Uniformity)   │      │ • 光阻厚度 (Thickness)  │
│ • 介電常數 (Dielectric  │      │ • 光阻均勻度 (Uniformity)│
│   Constant)             │      │ • 顯影後尺寸檢查 (ADI CD)│
│ • 填洞能力能力 (Gap Fill)│      │ • 軟／硬烤後光阻尺寸檢查 │
│ • 應力 (Stress) ……     │      │   (Soft/Hard Baking)    │
└─────────────────────────┘      └─────────────────────────┘

┌─────────────────────────┐      ┌─────────────────────────┐
│         蝕刻            │      │         擴散            │
│      (Etching)          │      │      (Diffusion)        │
│                         │      │                         │
│ • 選擇比 (Selectivity)  │      │ • 離子植入能量 (Energy) │
│ • 均勻度 (Uniformity)   │      │ • 離子植入劑量 (Dose)   │
│ • 蝕刻後尺寸檢查(AEI CD)│      │ • 佈植後圖形(Distribution)│
│ • 蝕刻率 (Etching Rate) │      │ • 後續加溫溫度 (Annealing│
│ • 圖案 (Profile)檢查    │      │   Temperature)          │
└─────────────────────────┘      └─────────────────────────┘
```

圖 8.1　IC 製程規格

可由以下方法獲得解決：(1) 從光源→離軸照明 (Off-Axis Illumination)；(2) 從光罩→相位移光罩 (Phase-Shift Mask)；(3) 從佈局 (Layout)→光學臨近修正 (OPC)。

另一參數為光阻圖形 (Resist Profile)，如圖 8.2(b) 所示，光阻常因曝光 (Exposure) 或顯影 (Development) 而造成內切 (Undercut) 或下寬 (Footing)，以及不理想之形狀等問題，皆需被控制且考慮在訂定規格中。

另外，重疊 (Overlap) 也是一重要且需注意之參數，如圖 8.2(c) 所示，因對準 (Alignment) 與蝕刻 (Etching) 所造成之重疊的最大容忍度需控制且訂定在規格中。

Chapter 8 製程規範規劃與光罩製作

通常量測 Pattern 中最小尺寸或特定之處，以確保 Pattern 達到製程需求

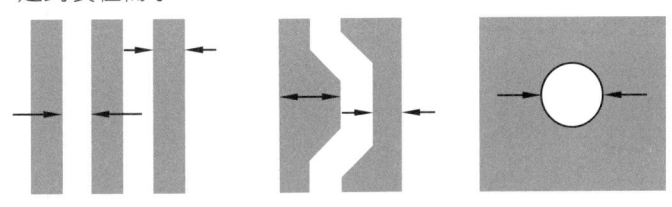

CD 不合的原因有：
1. 製程參數不對—多為設定問題，如曝光量、景深用錯
2. 製程限制—景深不足
　　　　　—解析度不足
　　　　　—光學效應 (Proximity Effect)
→解決方法：從光源→Off-Axis Illumination
　　　　　　從光罩→Phase-Shift Mask
　　　　　　從 Layout→OPC

(a) CD (Critical Dimension)

Under Cut　Footing

| ・轉波效應
(Standing Wave Effect)
・底部抗反射層
(Bottom ARC) | 景深誤差
(DOF Error) | ・顯影失誤
(Development Error)
・光阻問題
(DUV Resist Case) |

黃光的應用：
1. 離子植入時的 Mask
2. 蝕刻時的 Mask

(b) Resist Profile

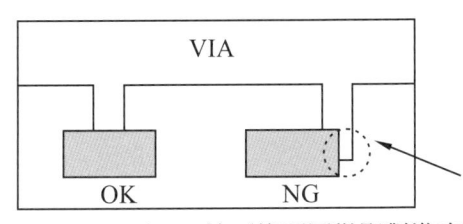

電性上：RC 偏高，可靠度變差
製程上：Metal 填入不易

(c) Overlay：前／後兩層微影對準度的 Check 有 X 與 Y 兩個方向

● 圖 8.2　應用時的重要評估項目

8.3　設計法則 (Design Rule)

　　經由製程規格的訂定後，代工廠就依據此規格，撰寫一份設計法則 (Design Rule) 給客戶，客戶就依據此法則來設計電路，在完成線路後，即可以此檔案轉成佈局 (Layout) 圖，去製作光罩 (Mask)。所以客戶會利用代工廠提供之設計法則來考慮設計時所需避免因製程能力變異所造成之線路失誤。

　　所謂設計法則，簡單說就是半導體工廠之製程能力。由圖 8.3 所示為 IC 製作過程之截面圖，其中第一層金屬對主動區 (即擴散層) 之間的連結經由接觸窗來接合，而金屬層之間之連結則由管洞來接合，所以上下層與中間之接觸窗或管洞對準 (Alignment) 就十分重要，也是代工廠在製程設計上會注意的地方，以此就來訂定設計法則 (Design Rule) 來要求製程能力上之改善，包含微影、蝕刻、薄膜等製程規格。

　　最常發生之製程變異所導致違反設計法則大致可分為單一薄膜或擴散層之製程偏差，如圖 8.4 所示，包含寬度、間格、凹陷等製程變異，所以設計法則就會依工廠製程能力來訂定製程規格。另一種製程變異是不同薄膜或擴散層之間之製程偏差，如圖 8.5 所示為元件製作時因多晶矽層偏移所造成源極與汲極間的短路問題 (Short)，所以設計法則也要設定規格來避免此製程變異。

　　另外有一製程變異是擴散層之間之製程偏差，如圖 8.6 所示為擴散製程中因偏移所造成隔離問題，所以需訂定隔離 (Enclosure) 製程規格。

　　還有需特別注意的製程能力變異是連接上下層之對準問題，如圖 8.7 所示為接觸窗與主動區以及與第一層金屬之間因接觸窗偏移所造成之斷路 (Open) 問題。另一情況如圖 8.8 所示為金屬層之間與管洞的對準問題，但由於管洞材料與金屬材料皆屬於導體，所以在管洞因製程變異所造成之偏移有較寬之容忍度，故只要訂定出管洞與金屬間之重疊距離 (Overlap) 以及偏移量 (Shift) 即可。

第一層金屬 (M1) ⇒ p 型擴散 (p-diffusion)
第一層金屬 (M1) ⇒ n 型擴散 (n-diffusion)
第一層金屬 (M1) ⇒ 多晶矽一 (Poly1)
第一層金屬 (M1) ⇒ 多晶矽二 (Poly2)
} 金屬與擴散層對準：接觸窗 (Contact)

x 層金屬　(Mx) ⇒ x+1層金屬 [M (x +1)] } 金屬與金屬層間對準：管洞 (VIA)

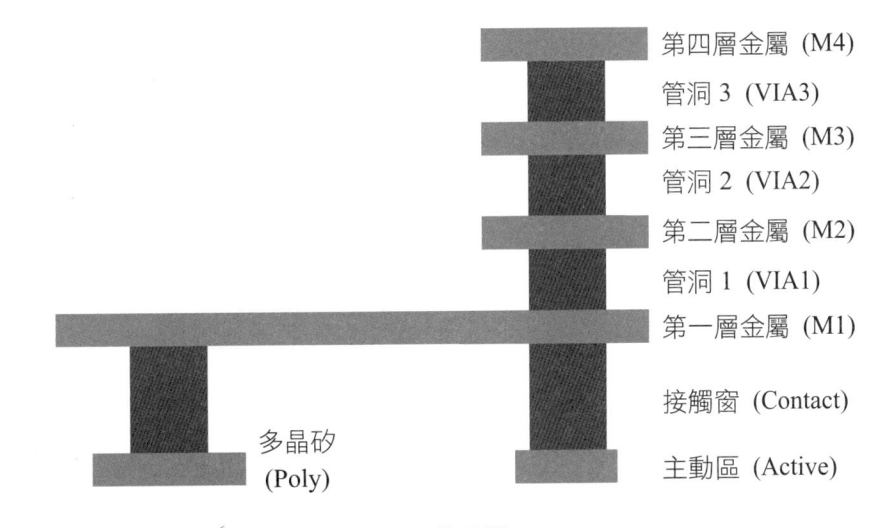

第四層金屬 (M4)
管洞 3 (VIA3)
第三層金屬 (M3)
管洞 2 (VIA2)
第二層金屬 (M2)
管洞 1 (VIA1)
第一層金屬 (M1)
接觸窗 (Contact)
多晶矽 (Poly)
主動區 (Active)

▶ 圖 8.3　IC 製程截面圖

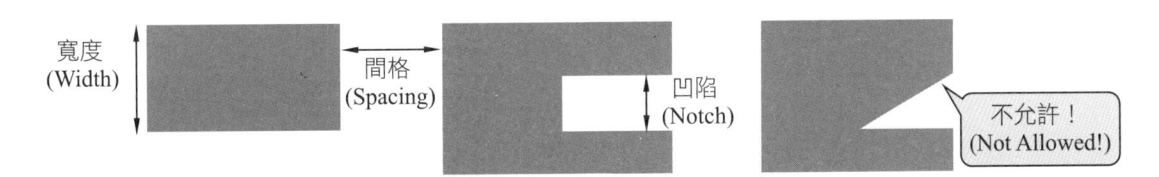

寬度 (Width)
間格 (Spacing)
凹陷 (Notch)
不允許！(Not Allowed!)

▶ 圖 8.4　單一層圖型製程規格

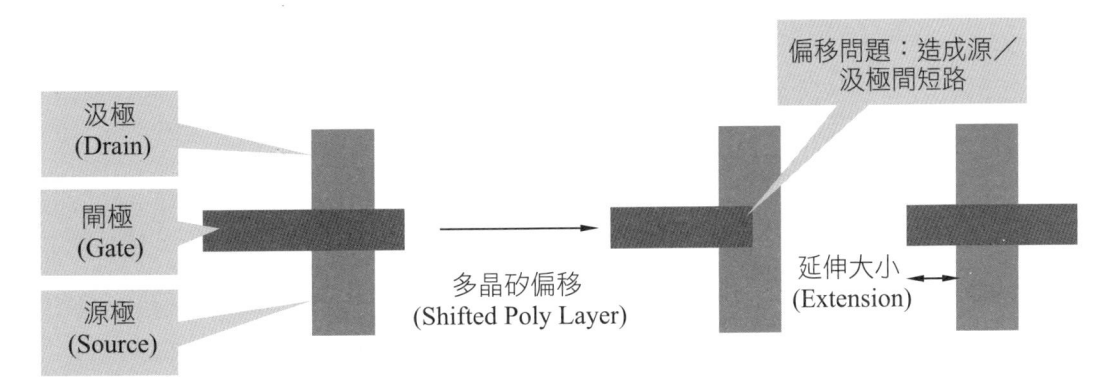

汲極 (Drain)
閘極 (Gate)
源極 (Source)
多晶矽偏移 (Shifted Poly Layer)
偏移問題：造成源／汲極間短路
延伸大小 (Extension)

▶ 圖 8.5　不同層圖型之對準製程規格

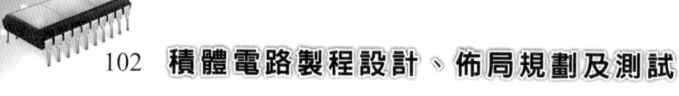

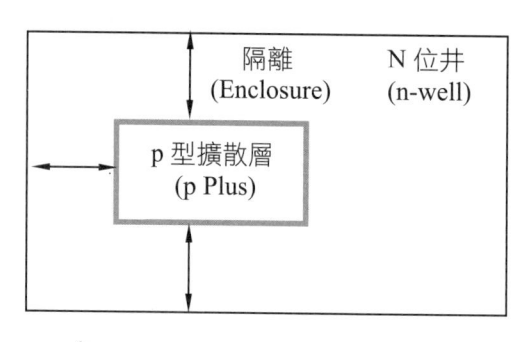

● 圖 8.6　擴散層之對準製程規格

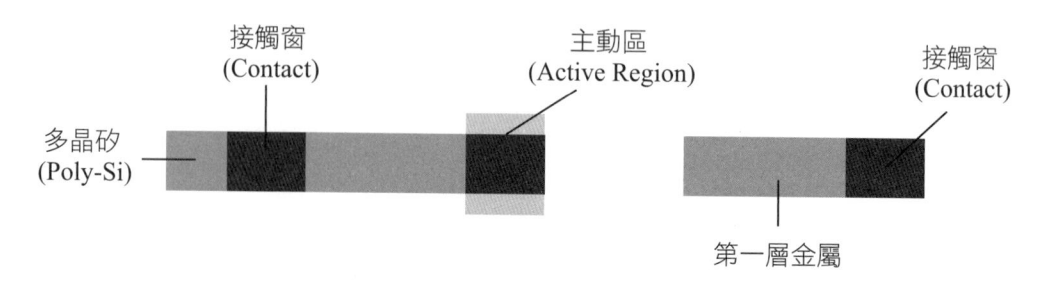

● 圖 8.7　接觸窗與主動區以及第一層金屬或多晶矽之對準製程規格

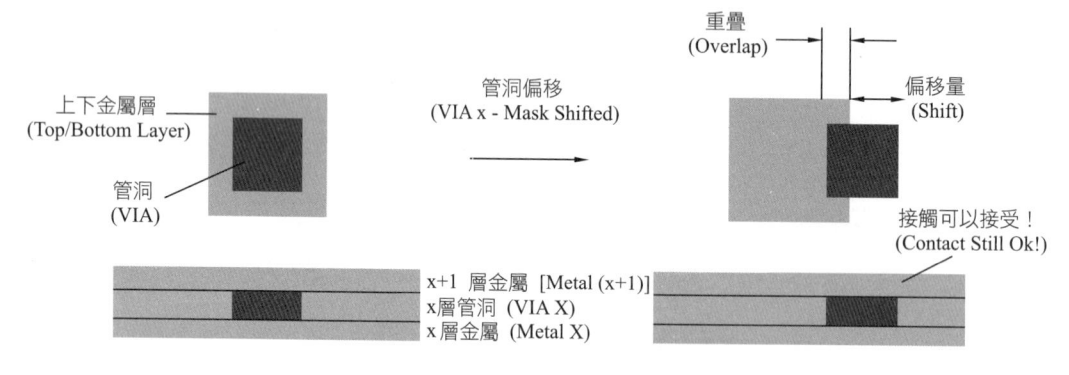

● 圖 8.8　金屬層間之對準製程規格

8.4　IC 設計流程

IC 設計約略可分成數位、類比及記憶體三大類。其中，數位 IC 的設計流程非常的複雜，分工非常的細膩。簡單來說，數位 IC 的設計流程為：

1. 系統層級的設計及驗證。
2. RTL 設計及驗證。

3. 邏輯合成，產生閘極電路。
4. 實體或佈局 (Layout) 設計。
5. 送出佈局資料庫至光罩廠進行光罩製作。

　　光罩製作完成之後即進入生產流程，設計階段就算是完成了，所謂設計流程的前段指的就是上述流程中的 1~3，而後段流程則是 4~5。所謂前段及後段之分，嚴格說來，並不能被當成是一種絕對的區隔，前段 (Front-End) 及後段 (Back-End) 更不能被視為是一種專有名詞。

　　之所以要分成前段及後段的原因，是因為前後兩段的工作性質大不同，執行的團隊也因此被切割成兩段：IC 設計流程的前段，注重的是創意及對系統應用的了解，至於設計流程及輔助設計軟體的使用，則相較於後段流程來得簡單；設計流程的後段則是注重嚴謹不能出錯，所以設計流程及輔助設計軟體相對複雜昂貴且不易上手。以一般寫程式的流程來比喻 IC 設計流程，算是頗為恰當。因為 IC 設計輔助軟體的完善，使得整個 IC 設計過程彷彿像是進行一個程式開發計畫。前段設計流程可以視為撰寫程式碼的過程，而後段則可以比喻為將高階的程式碼半人工式的轉換成機器碼。

　　寫程式，首重的是創意，還有搞得清楚系統，這點和 IC 的前段設計一樣。想像一下，如果要半自動的程式碼編譯完成，是不是要很嚴謹，且不可犯一點小錯？這就是 IC 設計的後段工作。至於 Floorplan，它只是後段設計流程的一個步驟。Floorplan，雖然是專有名詞，但是它的涵義就如字面上的意義一般，就是 IC 佈局規劃的平面圖。

　　舉個辦公樓層佈局的例子說明。將整個辦公樓層隔間裝潢佈局完成，讓員工可以上班，這個過程就像是 IC 的實體設計，或是佈局設計。而進行實際裝潢前，設計師所繪製的平面設計圖，就是 Floorplan。IC 設計的 Floorplan 也是一樣，就是佈局前所要先做的平面圖，而 Floorplanning 就是製作平面圖的工作或是流程。

圖 8.9 為 IC 的設計流程階段，而圖 8.10 為 IC 設計流程，由於設計者最後需將線路轉成 GDS 檔案形式，以便光罩公司以此來完成光罩圖案，而佈局之流程如下。

```
1. 構思與規格
2. 設計／電路方塊劃分
3. 模擬
4. 設計準則驗證
5. 佈局檔案輸出
6. 晶圓製造
7. 光罩製作
8. 薄膜層沉積
9. 圖像轉換
10. 蝕刻
11. 晶圓功能測試
12. 晶粒分割
13. 焊線、包裝及封裝
14. 晶粒測試
```

▶ 圖 8.9　IC 的設計流程階段

```
1. 規格制定 (Specification)
2. 行為描述 (Behavior)
3. RTL (Register Transfer Level) 設計
4. 邏輯 (Logic) 設計
5. 電路 (Circuit) 設計
6. 佈局 (Layout)
```

▶ 圖 8.10　IC 設計流程

佈局 (Layout) 流程大致為：

1. 準備所使用的 Process 之 Tech File and Design Rule

2. Create Layout Database

3. Export Layout Database (GDSII File)

4. Use Verify Tools (Calibre; Hercules; Dracula)

    Run DRC (Design Rule Check)

LVS (Layout vs Schematic Check)

ANTENNA (Antenna Rule Check)

ERC (電器特性 Check)

LPE (For Post Sim)

5. 假如有錯，則是回到 Layout 做修改，在回到第 3 和 4 做 Check 直到沒有錯誤為止，簡單地說，DRC 就是 Design Rule Check 的縮寫，也就是依照 Design Rule 來 Check 你畫的 Layout，只要將 Check 出來的 Error 部分修除就 ok 了，LVS 就是 Layout vs Schematic，意思就是 Layout 跟電路的比對，除了比對電路有沒有接錯，還會比對 Model 有沒有畫錯。圖 8.11 為 IC 佈局流程圖。

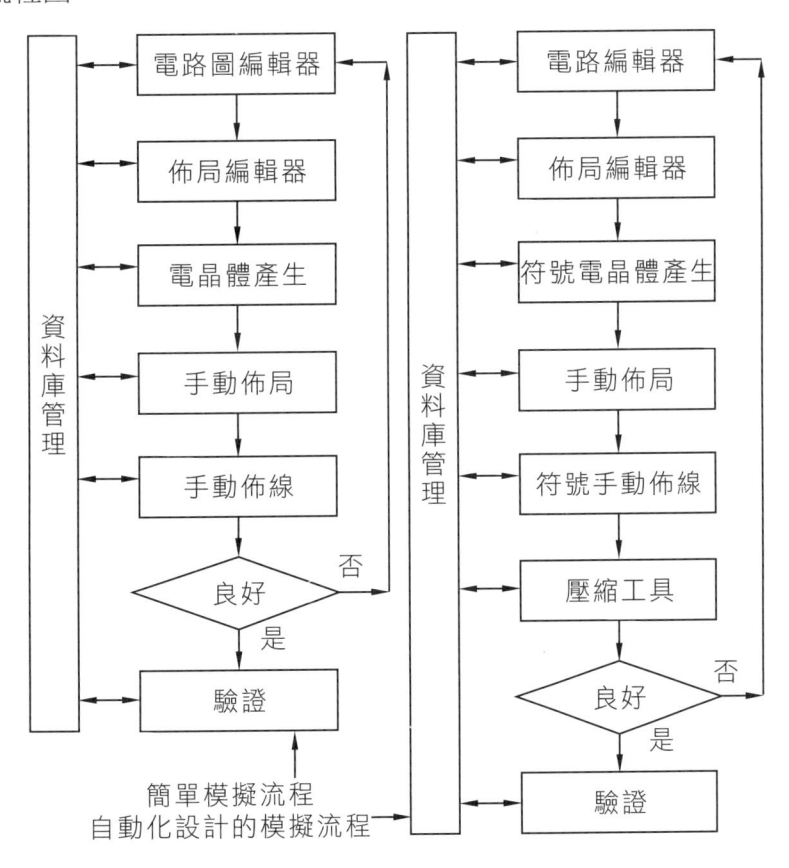

● 圖 8.11　IC 佈局流程圖

8.5 光罩製作流程

8.5.1 光罩定義

光罩 (Photo Mask) 是一塊畫有特定圖案 (Pattern) 的玻璃片或膠片，玻璃是可以透光的，另外有些地方含有不透光物質，使光無法透過去。

1. 種類

    (1) 光罩依底材可分為：

    ① 玻璃光罩：玻璃底材又大致分為石英 (Ouartz) 光學玻璃 (Soda Lime)。透光率以石英為佳，熱膨脹率也以石英較小。

    ② 膠片光罩 (Mylar Film)：一般用在 PCB 或精度要求不高之製程。

    (2) 光罩依感光物質可分為：

    ① 乳膠 (Emulsion) 底片；或在底材 (玻璃或膠片) 塗上感光乳膠，易刮傷，成本便宜。

    ② 鉻片：在底材 (玻璃) 上需鍍上鉻金屬，之後塗上光阻，不易刮傷，成本高。

    ③ 尺寸：3"、4"、5"、6"、7" 或大型底片可大到 32" × 28"，也可依要求製成特殊尺寸。

2. 用途

    光罩是使用半導體工廠的製造過程中，半導體或晶圓製造過程是由數百道至上千道的製程所構成，重複著 [微影]、[蝕刻]、[薄膜]、[擴散]、[離子植入] 的過程，光罩就是使用在微影製程 (Photolithography)，晶圓在進入曝光機台 (Stepper 或 Scanner)，進行曝光前，需先由光阻塗佈機 (PR Coater) 塗上一層固定厚度的光阻 (Photo Resistance, PR)，再送到曝光機台進行曝光，把光罩上的圖案 (Pattern) 重現在晶圓上面，曝光後經過顯影、定影步驟，才算完成微影過程，再經過蝕刻製程並且去掉光阻，就會得到所需要的圖案 (Pattern)。

3. 做成

光罩的製作是使用雷射繪圖機，依不同精度，使用不同等級的繪圖機，花費時間也依精度而有所不同，其製作的流程包括雷射繪製，光罩上塗上感光層，雷射照射後會產生聚合或分解的效應，可使得所需的圖形留在底材上，不需要的部分，經過去光阻 (或稱剝膜)，而產生出圖形，即完成光罩的製作。

8.5.2　光罩的功能

「光罩」(Mask) 是製作積體電路非常重要的工具，將設計圖上的幾何圖形「第一次縮小」，以電子束刻在石英片上，由於電子束的直徑大小約為 1 μm (微米)，所以用電子束刻石英片上的圖形線寬大約 1 μm (微米)，再利用光罩進行圖形轉移，將光罩上的圖形轉移到矽晶圓上。

8.5.3　光罩的製作流程

使用電子束將所需要的圖形刻在石英片的流程如圖 8.12 所示，其詳細步驟如下：

1. 先將金屬鉻 (Cr) 蒸鍍在石英片上方形成一層金屬薄膜，通常使用「濺鍍」(Sputter) 的方式來蒸鍍金屬鉻 (Cr)，形成「鉻／石英片」的兩層結構，如圖 8.12(a) 所示。
2. 將「電子束專用光阻」以「旋轉塗佈法」塗佈在金屬鉻的上方，形成一層塑膠薄膜 (稱為「光阻」)，形成「光阻／鉻／石英片」的三層結構，如圖 8.12(b) 所示。
3. 直接以電子束將光罩圖形刻寫在光阻上，被電子束刻寫過的區域，光阻化學鍵結被破壞，使光阻很容易被化學藥品溶解掉，如圖 8.12(c) 所示。由於電子束的直徑大小約為 1 μm (微米)，所以刻好的圖形線寬大約 1 μm (微米)。
4. 將「光阻／鉻／石英片」放入「第一種化學藥品」中反應，化學鍵結被破壞區域的光阻會被第一種化學藥品溶解，如圖 8.12(d) 所示，這個動作稱為「顯影」，而「第一種化學藥品」稱為「顯影液」，通常都是有機化學

溶劑。

5. 將「光阻／鉻／石英片」放入「第二種化學藥品」中反應，沒有光阻保護區域的金屬鉻會被第二種化學藥品溶解，有光阻保護區域的金屬鉻則由於光阻的保護作用而不會被溶解，如圖 8.12(e) 所示，這個動作稱為「蝕刻」，「第二種化學藥品」稱為「蝕刻液」，通常都是使用強酸，例如：硫酸、硝酸、氫氟酸等。

6. 將「光阻／鉻／石英片」放入「第三種化學藥品」中反應，所有殘留的光阻均會被第三種化學藥品溶解而去除，如圖 8.12(f) 所示，這個動作稱為「光阻去除」，「第三種化學藥品」稱為「去光阻液」，通常也都是有機化學溶劑，但是與「第一種化學藥品」不同。

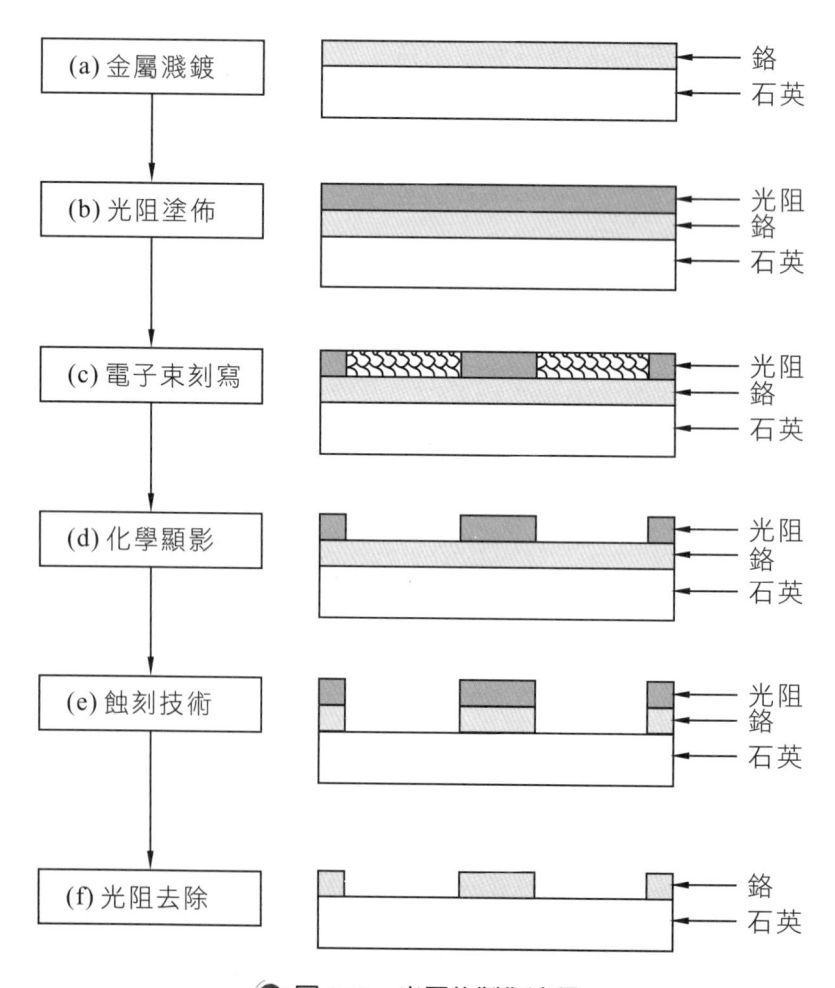

▶ 圖 8.12　光罩的製作流程

8.6 習題

1. 何謂 Design Rule，為何要訂定 Design Rule？
2. 如何訂定製程規格？
3. 微影中造成 CD 不合之原因為何？
4. 光阻顯影後，圖形顯影不好的情形為何？
5. 微影對準不良可能造成接觸電阻偏高之原因為何？
6. IC 設計流程為何？
7. IC 佈局之流程為何？
8. 何謂光罩？如何製作光罩？
9. 光罩在製程上扮演之角色為何？
10. 光罩製作為何需要電子束？

設計法則驗證 9

Design Rule Check

本章就 IC 電路佈局之基本觀念與實際驗證方式作一說明。

如果一位積體電路佈局設計師不遵循設計法則 (Design Rule) 之要求來設計，則他所設計的晶片就不可能正常工作，那麼晶片之設計工作就只能永遠停留在原型階段。

9.1 設計法則 (Design Rule)

實際上，設計法則就是由代工廠提供給線路設計工程師，代工廠在製程上所能做到之最大極限，因此設計者一定要依循此設計法則來設計，如此工廠才可保證將所設計之線路忠實地呈現出來，一般代工廠會提供之設計法則如圖 9.1 所示，為 0.25μm Design Rule。

9.2 電性設計法則 (Electrical Design Rule)

首先工廠會提供基本元件電性之特性設計規範給客戶，如表 9.1 所示為 0.25 μm nMOS 之基本電性參數，表 9.2 為 0.25 μm pMOS 之基本電性參數，表示以此 0.25 μm 設計法則來設計之 CMOSFET，在 0.25 μm 之製程下所呈現之 CMOSFET 元件特性值，設計者即可以此元件特性來模擬相關線路特性，再經由代工廠將此線路以 0.25 μm 之半導體製程來完成。

其餘相關之被動元件之電阻值如表 9.3 所示。

- Key Process Technology
- Key Electrical Parameters
- Key Design Rule
- Interconnect Parameters
- Key Device Modeling
- Design Specification
- CMOS Process Rule
- 0.25 μm Design Rule
- SRAM Cell Design Rule
- 0.25 μm Embedded Design Rule

圖 9.1　0.25 μm Design Rules

表 9.1　nMOS Electrical Parameters

	Min.	Typ.	Max.	Unit
VTON (10/0.25 Linear Extrapolated)	0.4	0.5	0.6	V
I_{DS} (10/0.25, $V_D = V_G = 2.5$ V)	520	620	720	uA/μm
I_{Off} (10/0.25, $V_D = 2.5$ V, $V_G = 0$ V)	—	3	40	pA/μm
Body Factor (10/10, $V_{SUB} = 0, -1.5$ V)	—	0.45	—	$V^{0.5}$
Body Factor (10/0.25, $V_{SUB} = 0, -1.5$ V)	—	0.35	—	$V^{0.5}$
B_{VN} (10/0.25, $I_D = 1\mu A$)	5.5	6	—	V
V_{TFNP} (Poly Gate Field)(50/0.4, $I_D = 1$ μA)	6	>10	—	V
VTFNM (Metal Gate Field)(50/0.4, $I_D = 1$ μA)	6	>10	—	V
ISUB (10/0.25; Maximum)	—	0.5	—	μA/μm
BVGOXPW (10 mA/cm²)	8	—	—	MV/cm

表 9.2 PMOS Electrical Parameters

	Min.	Typ.	Max.	Unit
V_{TOP} (10/0.24, Linear Extrapolated)	−0.5	−0.6	−0.7	V
I_{DS} (10/0.24, $V_D = V_G = 2.5$ V)	−220	−280	−340	uA/μm
I_{OFF} (10/0.24, $V_D = -2.5$ V, $V_G = 0$ V)	—	−2	−40	pA/μm
Body Factor (10/10, $V_{SUB} = 0$, 1.5 V)	—	0.56	—	$V^{0.5}$
Body Factor (10/0.24, $V_{SUB} = 0$, 1.5 V)	—	0.45	—	$V^{0.5}$
BVP (10/0.24, $I_D = -1$ μA)	−5.5	−6	—	V
VTFPP (Poly Gate Field) (50/0.4, $I_D = -1$ μA)	−6	< −10	—	V
VTFPM (Metal Gate Field) (50/0.4, $I_D = -1$ μA)	−6	< −10	—	V
I_{SUB} (10/0.24; Maximum)	—	0.05	—	μA/μm
BVGOXNW (10 mA/cm^2)	−8	—	—	MV/cm

表 9.3 Salicide and Metal Resistances

	Min.	Typ.	Max.	Unit
n-well sheet resistance on field (W = 20 μm)	350	400	450	ohm/sq
n+ sheet resistance (W = 0.3 μm)	0.5	2.5	10	ohm/sq
p+ sheet resistance (W = 0.3 μm)	0.5	2	10	ohm/sq
n+ poly 1 sheet resistance (W = 0.24 μm)	0.5	2.5	10	ohm/sq
p+ poly 1 sheet resistance (W = 0.24 μm)	0.5	2.5	10	ohm/sq
Metal 1 sheet resistance (W = 0.32 μm)	35	53	75	mohm/sq
Metal 2 sheet resistance (W = 0.4 μm)	35	53	75	mohm/sq
Metal 3 sheet resistance (W = 0.4 μm)	35	53	75	mohm/sq
Metal 4 sheet resistance (W = 0.4 μm)	35	53	75	mohm/sq
Top Metal sheet resisance (W = 0.42 μm)	20	36	55	mohm/sq
n+ contact resistance (0.32×0.32 μm^2)	1	5	15	ohm/cont
p+ contact resistance (0.32×0.32 μm^2)	1	5	15	ohm/cont
n+ Poly1 contact resistance (0.32×0.32 μm^2)	1	5	15	ohm/cont
p+ Poly1 contact resistance (0.32×0.32 μm^2)	1	5	15	ohm/cont
Mvia 1 resistance (0.4×0.4 μm^2)	1	3.5	10	ohm/via
Mvia 2 resistance (0.4×0.4 μm^2)	1	3.5	10	ohm/via
Mvia 3 resistance (0.4×0.4 μm^2)	1	3.5	10	ohm/via
Mvia 4 resistance (0.4×0.4 μm^2)	1	3.5	10	ohm/via

9.3　IC 佈局設計法則 (Layout Design Rule)

接下來最主要的是製程變異所需規劃之佈局設計法則 (Layout Design Rule)，圖 9.2 為基本 Layout Design Rule 之定義，這些位置與大小因不同公司而異。

一般而言，每一家公司的 Design Rules 並不相同，同一家公司，不同 Process，其 Design Rules 也不會相同，即使是同一家公司，同一個 Process，其 Design Rules 也不會固定不變，它會一直修正 (Upgrade)，除非工廠不再支援生產，因此設計法則之最小值 (Minmum Rule) 有可能增加，也有可能減少。不管如何，Design Rules 一般均會規定如下的規則。

若要仔細定義，圖 9.3 所示為同一層的矽晶閘極之最小間隔距離。圖 9.4 則為不同層的矽晶之間隔距離。

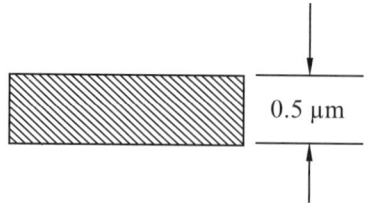

例如：規定 Poly 1 最小寬度為 0.5 μm

▶ **圖 9.2**　Min Width：**每一層的最小寬度**

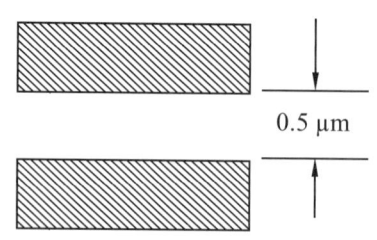

例如：規定 Poly 1 與 Poly 1 最小距離為 0.5 μm

▶ **圖 9.3**　Min Space：**相同層之間的最小距離**

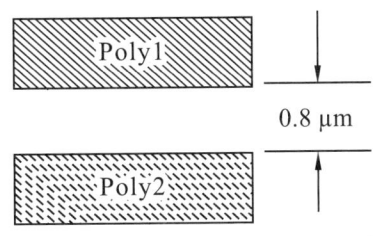

例如：規定 Poly 1 與 Poly 2 最小距離為 0.8 μm

▶ 圖 9.4　Min Clearance：**不同層之間的最小距離**

而圖 9.5 為位井與主動區 (Active Region) 之佈局法則。

圖 9.6 所示為多晶矽的閘極與主動區之佈局法則。

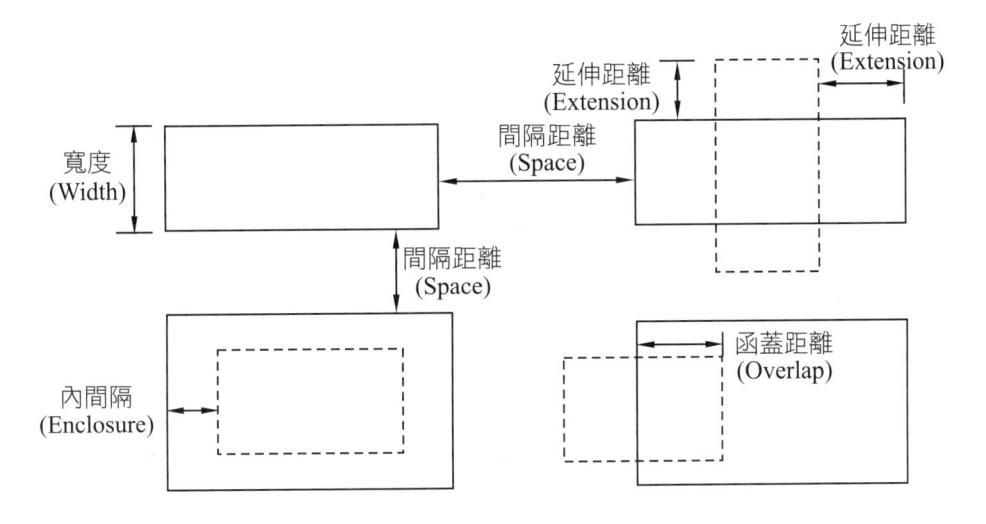

▶ 圖 9.5　位井與主動區 (Active Region) 之最小距離

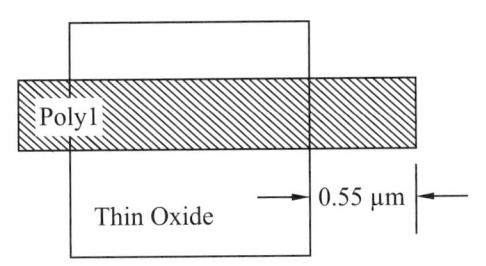

例如：規定 Poly 1 延伸出 Field 的
最小距離為 0.55 μm

▶ 圖 9.6　Min Extension：**不同層（多晶矽閘極與主動區）之間的最小延伸距離**

圖 9.7 則為不同多晶矽層間之佈局法則。圖 9.8 為多晶矽 (Poly-Si) 之最大電容所需允許之最大容許面積。

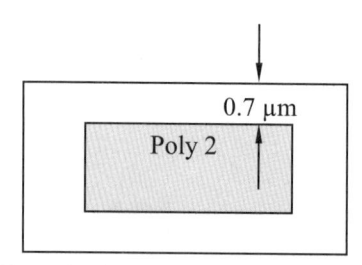

例如：規定 Poly 1 overlap Poly 2 的最小區域為 0.7 μm。請注意，單位是長度而非面積，也就是外圈與內圈的距離。

圖 9.7 Minimum Overlap：不同層之間的最小涵蓋區域

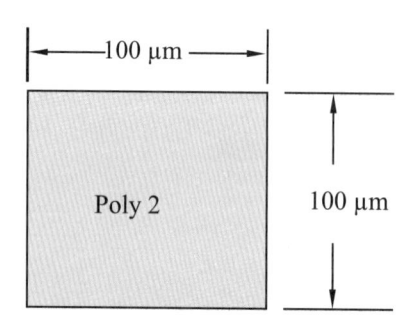

例如：規定 Poly 2 最大電容面積 100 μm×100 μm

圖 9.8 Maximum Area：最大容許面積

圖 9.9 為多晶矽層與主動區以金屬層之間之佈局法則。圖 9.10 所示為接觸窗 (Contact Window) 在主動區之佈局法則。

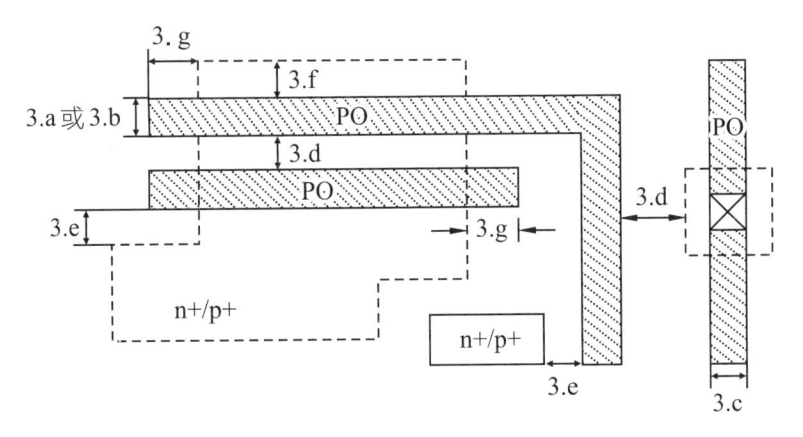

Rule No.	Rule Description	T-0.6 SPTM
3.a	minimum width PO for pMOS	0.6
3.b	minimum width PO for nMOS	0.6
3.c	minimum width PO for interconnection	0.6
3.d	minimum space PO-to-OD	0.75
3.e	minimum space PO-to-OD (on field)	0.3
3.f	minimum extension OD-over-PO	0.8
3.g	minimum extension PO-over-OD	0.6

單位為 um

▶ 圖 9.9　多晶矽 (Poly, PO) 與主動區 (Active Reqion, OD) 以及金屬層之間之佈局法則

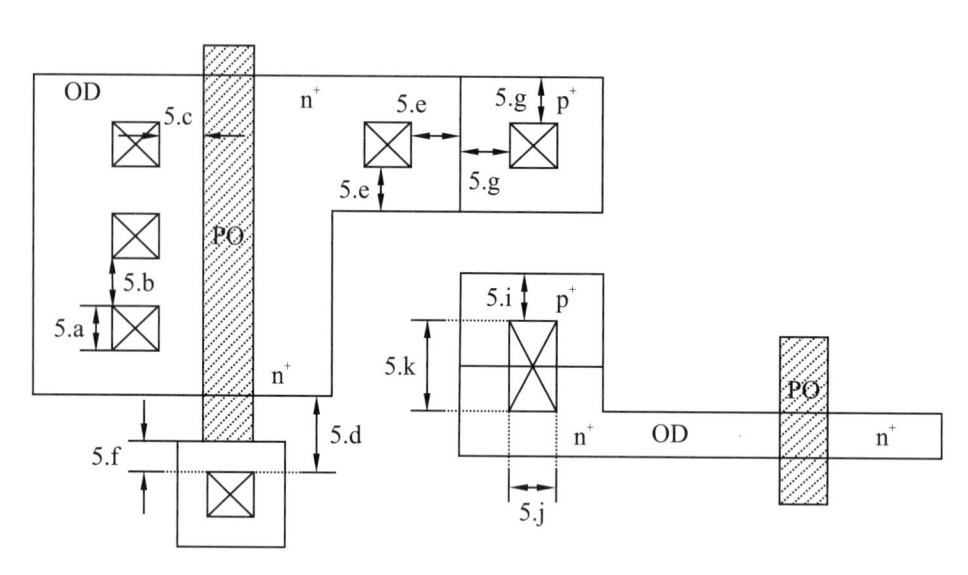

Rule No.	Rule Description	T-0.6 SPTM
5.a	minimum width CO	0.6
5.b	minimum space CO-to-CO	0.6
5.c	minimum space CO-to-PO	0.6
5.d	minimum space CO-to-OD	0.6
5.e	minimum enclosure OD [CO]	0.35
5.f	Minimum enclosure PO [CO]	0.4
5.g	Minimum enclosure PP/NP [CO]	0.4
5.h	CO on gate region is not allowed.	–
5.i	minimum enclosure PP/NP [CO (butting)]	0.4
5.j	minimum width CO (butting)	0.6
5.k	minimum length CO (butting)	1.2

單位為 μm

▶ 圖 9.10　接觸窗 (Contact) 在主動區之佈局法則

圖 9.11 為同一金屬層之間的佈局法則。

圖 9.12 為管洞在金屬層之間的佈局法則。

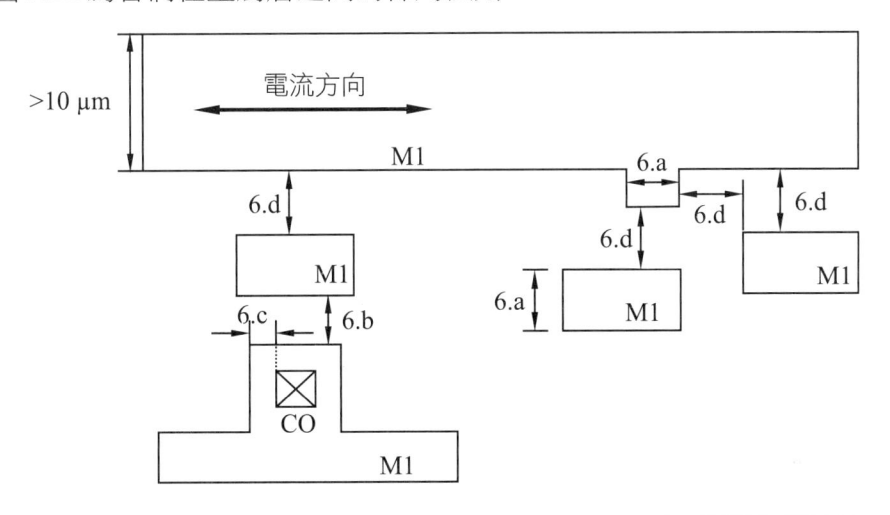

Rule No.	Rule Description	T-0.6 SPTM
6.a	minimum width M1	0.9
6.b	minimum space M1-to-M1	0.8
6.c	minimum enclosure M1 [CO]	0.3
6.d	minimum space M1-to-M1 (>10 μm)	1.3

單位為 μm

▶ 圖 9.11　M1 (Metal 1) 金屬層之間的佈局法則

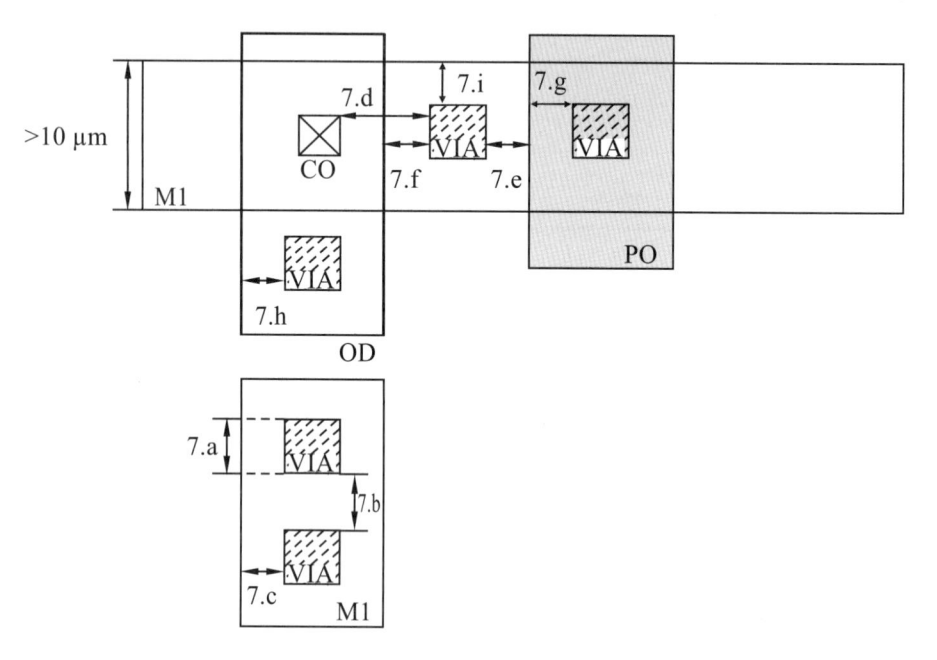

Rule No.	Rule Description	T-0.6 SPTM
7.a	minimum width VIA	0.7
7.b	minimum space VIA-to-VIA	0.7
7.c	minimum enclosure M1 [VIA]	0.4
7.d	minimum space CO-to-VIA	0.0
7.e	minimum space VIA-to-PO	0.0
7.f	minimum space VIA-to-OD	0.0
7.g	minimum enclosure PO [VIA]	0.0
7.h	minimum enclosure OD [VIA]	0.0
7.i	minimum enclosure M1 (>10 μm)[VIA]	1.5

單位為 μm

● 圖 9.12　VIA (VIA 1) 管洞之佈局法則

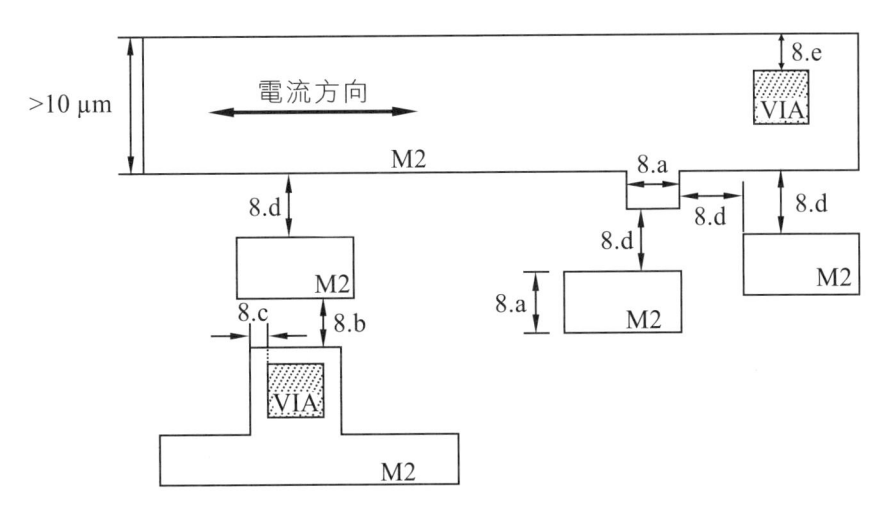

Rule No.	Rule Description	T-0.6 SPTM
8.a	minimum width M2	0.9
8.b	minimum space M2-to-M2	0.8
8.c	minimum enclosure M2 [VIA]	0.4
8.d	minimum space M2-to-M2 (>10 μm)	1.3
8.e	minimum enclosure M2 (>10 μm)[VIA]	1.5

單位為 μm

▶ 圖 9.13　M2 (Metal 2) 金屬層與管洞之佈局法則

圖 9.13 為金屬層與管洞之佈局法則。

最後我們以圖 9.14 CMOS 反相器來看所對應之各層佈局設計法則之相對位置。

由於每家工廠能提供之製程能力不同，所以能提供之佈局法則也有所不同。設計者會依據工廠提供之製程能力來解決是否要以此工廠之製程技術來下線。

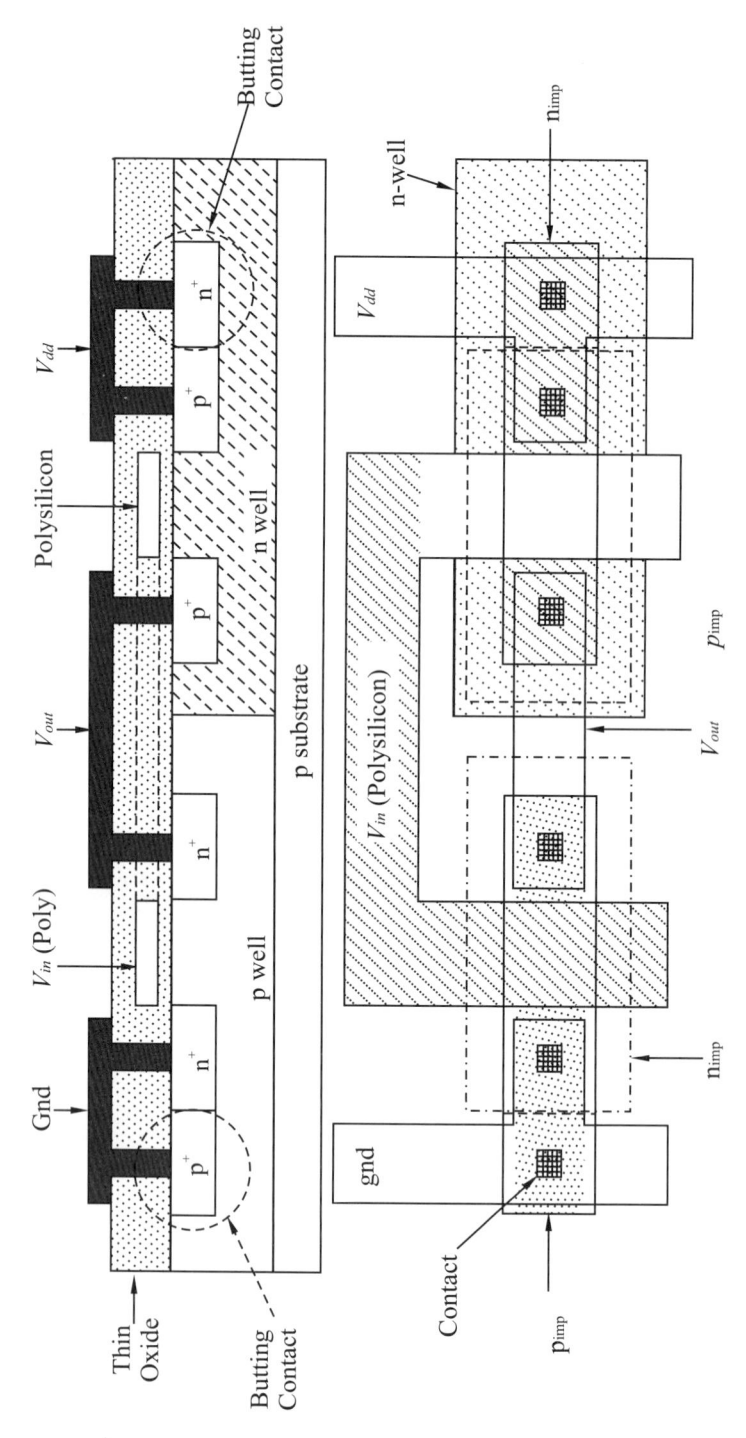

圖 9.14 CMOS 的反相器的橫截面圖與佈局圖

9.4 習題

1. IC 代工廠大致會提供哪些 Design Rule 給客戶？
2. 請說明 MOSFET 基本電性之 Design Rule。
3. 請說明佈局設計法則。
4. 請說明閘極常用之佈局設計法則。
5. 請說明接觸窗常用之佈局設計法則。
6. 請說明管洞之常用佈局設計法則。
7. 請說明金屬層之間常用之佈局法則。
8. 請說明 CMOSFET 反相器之佈局圖。

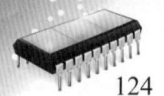

半導體元件測試 10

Device Measurement

　　把一已完成的半導體元件或 IC 進行結構及功能的確認,以保證 IC 或元件在到達系統時的完整與正常,這樣的動作我們稱之為測試。為何要進行測試呢?因 IC 的製程永遠無法到達 100% 的良率 (Yield),故在將 IC 放上系統前,必須要先進行測試,以確定 IC 功能的正常與完整,降低因不良品所造成成本的損失。

　　本章將說明如何經由半導體製程完成之特定設計的測試鍵 (Test-Key) 加以測試,產生之半導體元件參數的測試結果,由此測試結果來判定此半導體製程之好壞,以提供客戶後續晶圓大量投產 (Mass Production) 之依據,以及未來製程改善之方向。

10.1　半導體元件測試方式

　　一般而言,在測試元件的各種參數有分直接量測以及非直接量測之方法,如圖 10.1 所示,直接量測的方法可經一次量測動作即可完成,而非直接量測之方式需經過二次以上之量測動作才可完成。

- 直接:一個元件一次測量動作即可得到的特性值,如 V_t、g_m、$I_{D\,(sat)}$、I_{sub}、Swing、I_{off}、V_{pt}、C_{ox} 等。
- 非直接:一個元件經二次以上的測量動作才可得到的特性值,或二個元件各一次以上的測量動作或計算才可得到的特性值,如 R_c、L_{eff}、R_{SD}、N_{sub}、SPICE parameters 等。

▶ 圖 10.1　測試元件參數

10.2 直接量測之半導體參數

在半導體元件中，直接量測之參數比較重要的有截止電壓 (V_{th})、轉換電導 (g_m)、飽和電流 ($I_{D(sat)}$)、遷移率、閘極氧化電容 (C_{ox})，以臨界擺幅 (Subthreshold Swing)，以及接觸電阻、片電阻等。

10.2.1 截止電壓 (Threshold Voltage)

目前有許多方法萃取臨界電壓的方式，因為在薄膜電晶體裡是一個相當重要的參數，在這裡所採取的萃取方式為固定電流的方式，即定一個電流值，其相對的電壓即為臨界電壓。圖 10.2 為基本 I_{DS}-V_{GS} 圖。

這種萃取參數的技術廣泛地使用在各種薄膜電晶體上，它可以使我們所得到的臨界電壓相當接近於線性區，傳統上對定電流的定義為將量測到的電流值除以元件的寬度與長度，藉以消除元件尺寸效應，而此處理過的電流值即為定義統一化後的電流，故藉由定義過後的定電流值去萃取臨界電壓，當 $V_D = 0.1$ V 時，臨界電壓為電流值 10 nA 那一點；當 $V_D = 5$ V 時，臨界電壓為電流值 100 nA 那一點，這是目前大量生產時大部分所採取臨界電壓的方式。此方法大致如此，也會因不同要求有所變動，例如圖 10.2 所示，在 $I_D = 5\mu A$ 時，量測 V_T 為 0.55V。

另外是利用 I_{DS}-V_{GS} 圖中取最大斜率延伸與 V_{GS} 軸交點之值，稱之為線性區最大斜率法 (Entrapolation in the Linear Region, ELR) 方法，如圖 10.3 所示，所得 V_T 為 0.72V 此方法也常被轉換至取最大轉換電導 (Transconductance) 方法來得到截止電壓，如圖 10.4 所示，所得 V_T 為 0.45V。

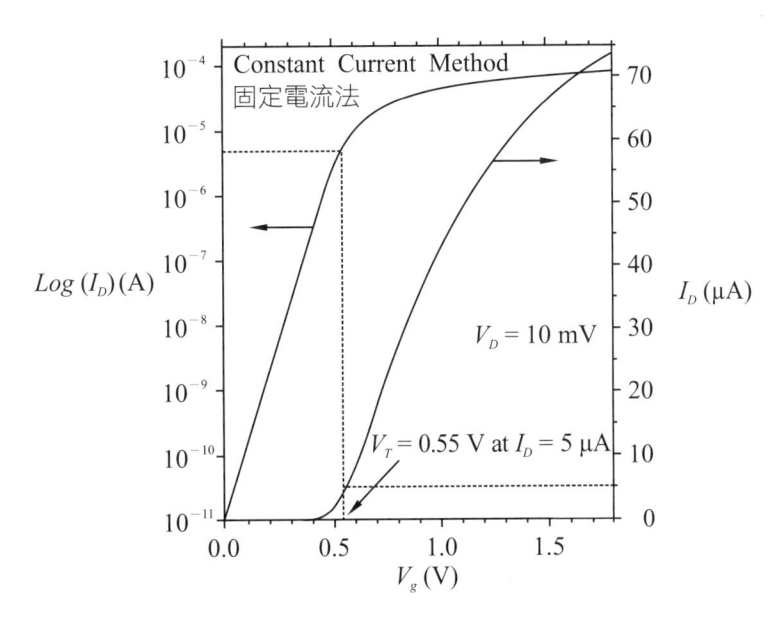

▶ 圖 10.2　固定電流法

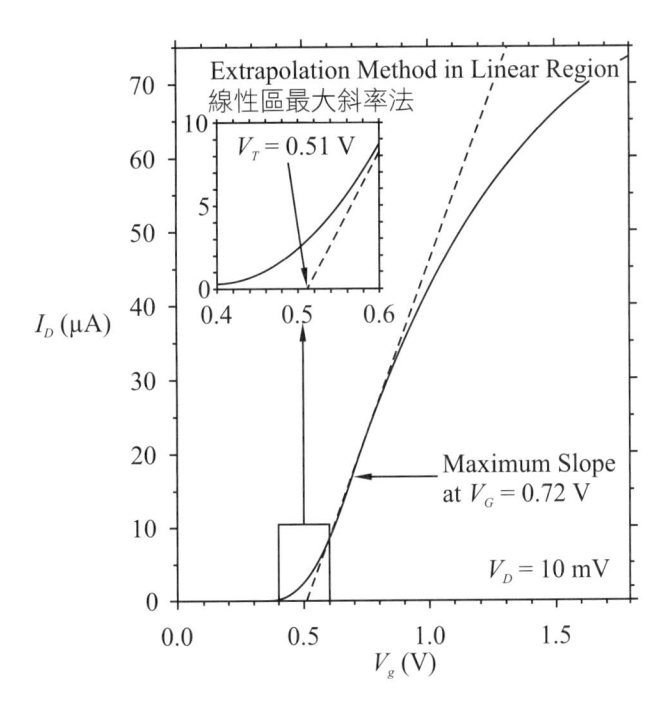

▶ 圖 10.3　線性區最大斜率法

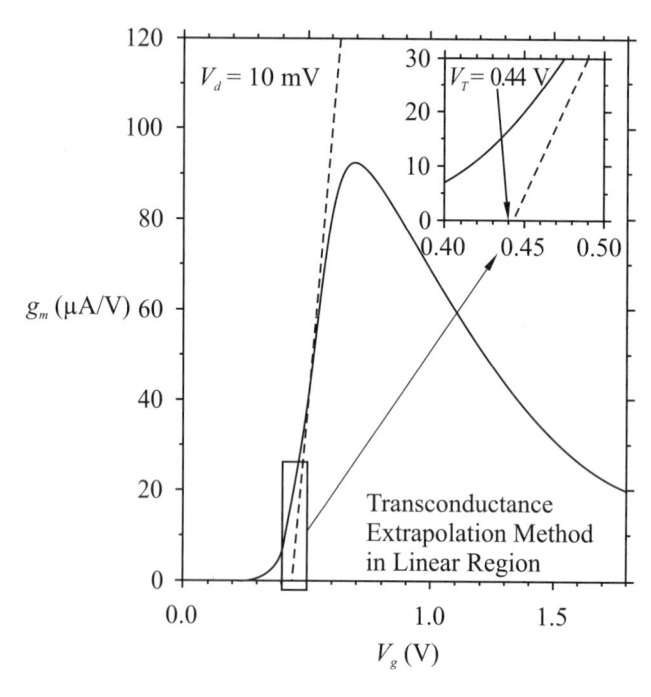

◉ 圖 10.4　最大轉換電導法

10.2.2　飽和電流 ($I_{(D)\,sat}$)

NFET 飽和電流公式為 $I_{DS} = \dfrac{K_N}{2} \dfrac{W}{L} (V_{gs} - V_{TN})^2$，飽和電流即在 $V_{GS} = V_{DS} = V_{DD}$ 時所量測到之電流值，如圖 10.5 所示。

10.2.3　次臨界擺幅 (Subthreshold Swing)

次臨界擺幅 (Subthreshold Swing) 是典型用來代表閘極控制能力的參數，它是被用於定義使得電流值增加或減少一個 Order 所需要多少的閘極電壓值，理論上來說次臨界擺幅應該和汲極電壓與閘極電壓不相關。無論如何，在事實上次臨界擺幅還是會因為短通道效應的影響而增加譬如像 Charge Sharing、Avalanche Multiplication，以及 Punch Through-like Effect。次臨界擺幅也會與閘極電壓有所關聯，因為串聯電阻與接面狀態的關係。大致上，次臨界擺幅是定義為使得電流減少三個 Order 所需的電壓值。圖 10.6 所示為 Subthreshold Swing 之量測方法。

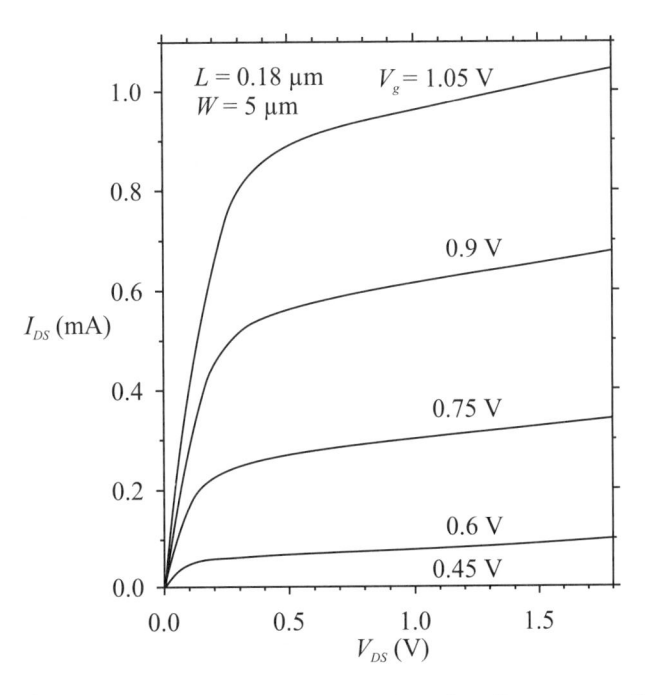

◉ 圖 10.5　典型 I_{DS}-V_{DS} 特性，當長度 L 為 0.18 μm、寬度 W = 5 μm

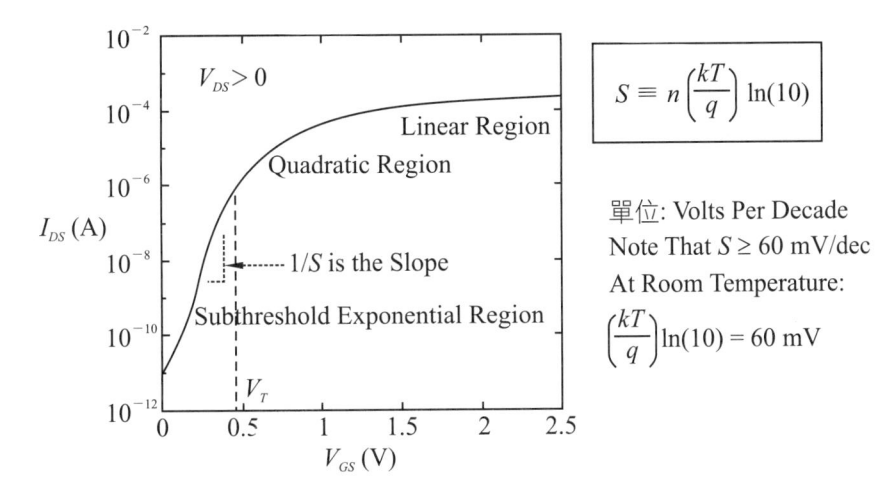

$$S \equiv n\left(\frac{kT}{q}\right)\ln(10)$$

單位: Volts Per Decade
Note That $S \geq 60$ mV/dec
At Room Temperature:
$\left(\frac{kT}{q}\right)\ln(10) = 60$ mV

◉ 圖 10.6　典型 I_{DS}-V_{GS} 特性，次臨界擺幅之量測方式

10.2.4 遷移率 (Mobility) 的萃取

在電子遷移率的萃取上,是在汲極端給予一小電壓並利用 g_m 去求得。其中多晶矽電晶體電流的傳輸特性相當接近於一般的 MOSFET,因此我們可以將其電流的公式應用在多晶矽薄膜電晶體上,其公式可推導為:

$$I_D = \mu_{FE} C_{ox} \frac{W}{L} [(V_G - V_{TH})V_D - \frac{1}{2}V_D^2]$$

其中

C_{ox} 為每單位面積的電容值

W 是元件通道的寬度

L 是元件通道的長度

V_{TH} 是臨界電壓

當 V_D 極小於 $V_G - V_{TH}$ 或 $V_G > V_{TH}$ 時,汲極電流可以推導為:

$$I_D = \mu_{FE} C_{ox} \frac{W}{L} (V_G - V_{TH})V_D$$

轉導係數的定義如下:

$$g_m = \frac{\partial I_D}{\partial V_G}\bigg|_{V_D=\text{const}} = \frac{W C_{ox} \mu_{FE}}{L} V_D$$

因此,電子遷移率可由上式而推導得:

$$\mu_{FE} = \frac{L}{C_{ox} W V_D} g_m$$

10.2.5 閘極電容 (Gate Capacitance)

MOSFET 之閘極電容 (C_{ox}) 可以定義為單位面積即 $W \times L$ 之閘極電容值 (C_{gate}),如圖 10.7 所示,$C_{gate} = C_{ox} \cdot \left(\frac{W}{L}\right) = \frac{E_{ox}}{t_{ox}} W \cdot L$,而基本電容量測需由 C-V 量測方法,如圖 10.8 所示為量測閘極電容之測量結構,而方法就是用 MOS C-V 之方法。圖 10.9 為 MOS C-V 之量測步驟,其中 V_D 電壓由 0~V,可以量測不

$$C_{gate} = \frac{\varepsilon_{ox}}{t_{ox}} WL$$

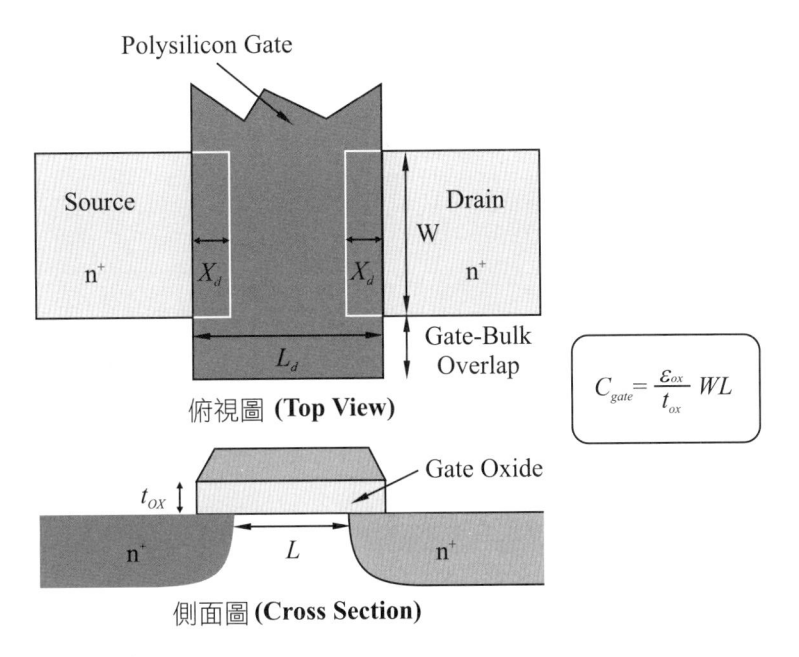

圖 10.7　金氧半場效電晶體的俯視圖與側面圖

MOS C-V 量測分析之主要項目：
- 基板摻雜型態 (Substrate Doping Type)
  - 若在負閘極偏壓下，高頻電容很大，而在正閘極偏壓下，高頻電容很小，為 p 型基板 (NMOS)；反之，則為 n 型基板。
- 氧化層厚度 d_{ox} (Oxide Thickness)
- 基板摻雜濃度 N_a (Substrate Doping)
- 臨界電壓 V_T (Threshold Voltage)
- 快速介面態位 D_{it} (Fast Interface State Density)
- 移動離子電荷 Q_m (Mobile Ion Charge)
- 載子生命期 τ (Carrier Lifetime)

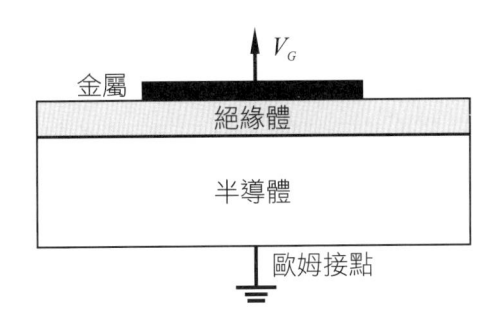

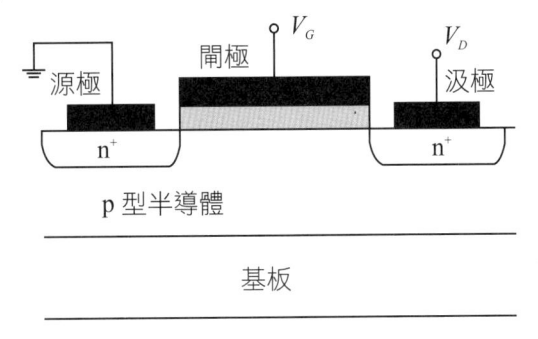

圖 10.8　MOS C-V 之量測結構

同位置之電容值,而圖 10.10 為所量測之 C-V 圖 ($V_D = 0$ V),除了 C_{ox} 外,C_{gd}、C_{gs} 及 C_{gb} 也是需要量測之項目,圖 10.11 即是量測這些參數之方法與量測結果。

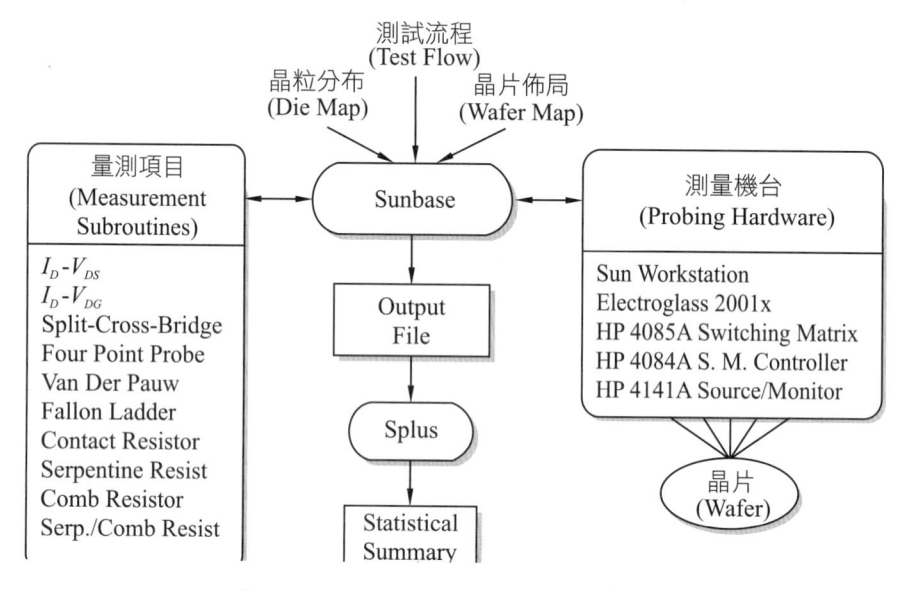

圖 10.9　MOS C-V 量測分析之步驟

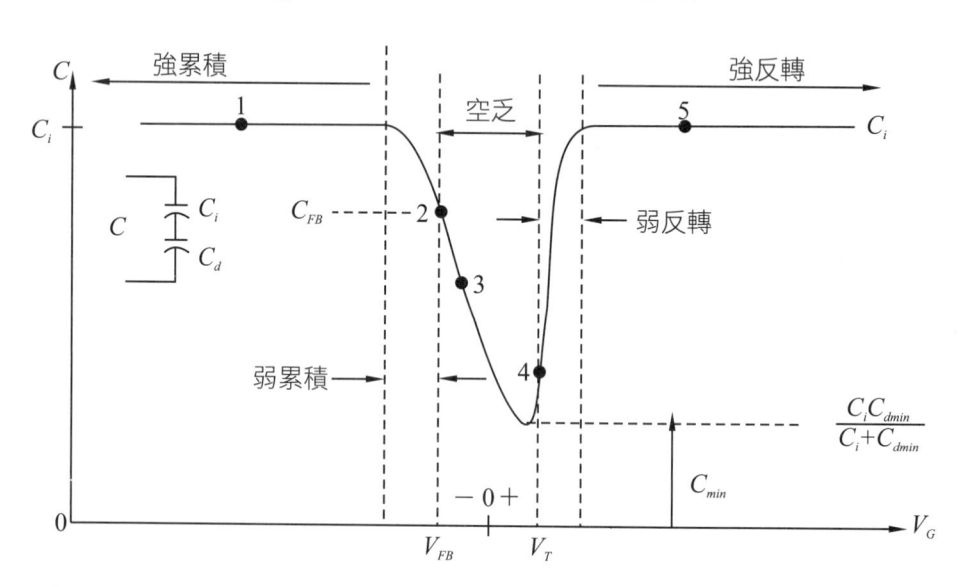

圖 10.10　一個 n 通道 (p 基板) MOS 電容器的 C-V 關係圖。$V > V_T$ 的虛線

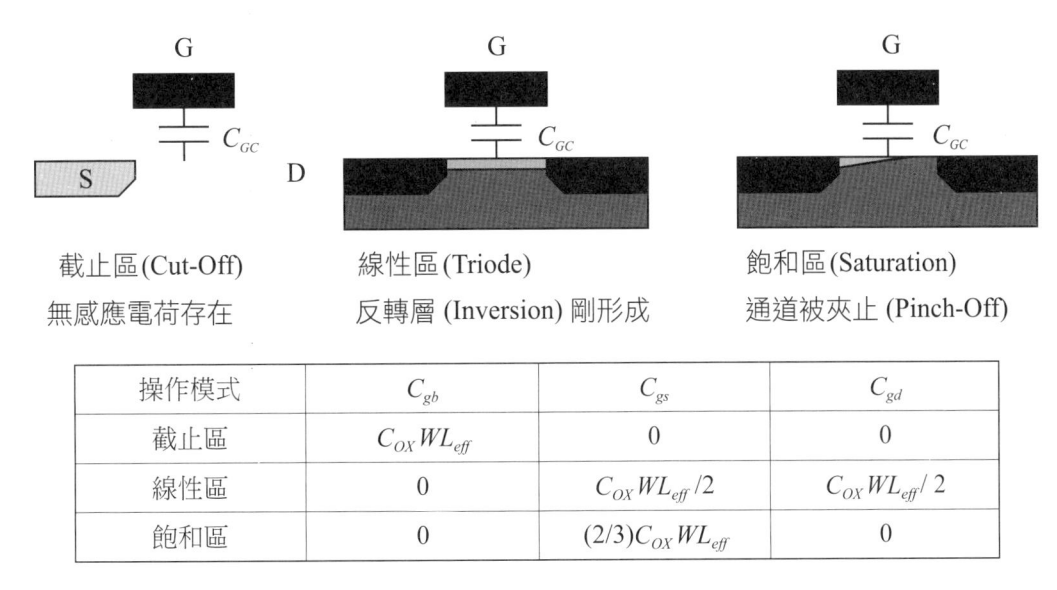

操作模式	C_{gb}	C_{gs}	C_{gd}
截止區	$C_{OX}WL_{eff}$	0	0
線性區	0	$C_{OX}WL_{eff}/2$	$C_{OX}WL_{eff}/2$
飽和區	0	$(2/3)C_{OX}WL_{eff}$	0

圖 10.11　各部分之電容在不同操作模式下之值

10.2.6　片電阻、接觸電阻 (Sheet Resistancd, Contact Resistance)

圖 10.12 為片電阻 (Sheet Resistance) 之量測方式與結構包含：(1) 4 點探針結構 (Four-Point) 與 (2) Van-Der-Pauw 測試結構。圖 10.13 為接觸電阻之量測與結構，即利用接觸鏈 (Contact Chain) 來測量 I-V 值轉換成接觸電阻 RC。圖 10.14 為 Kelvin 結構相對於接觸鏈來看，Kelvin 結構比較無旁生電阻之效應出現。

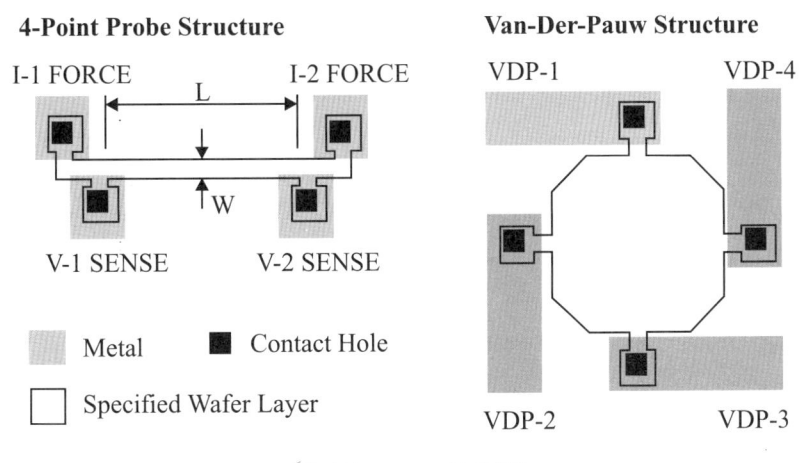

圖 10.12　片電阻

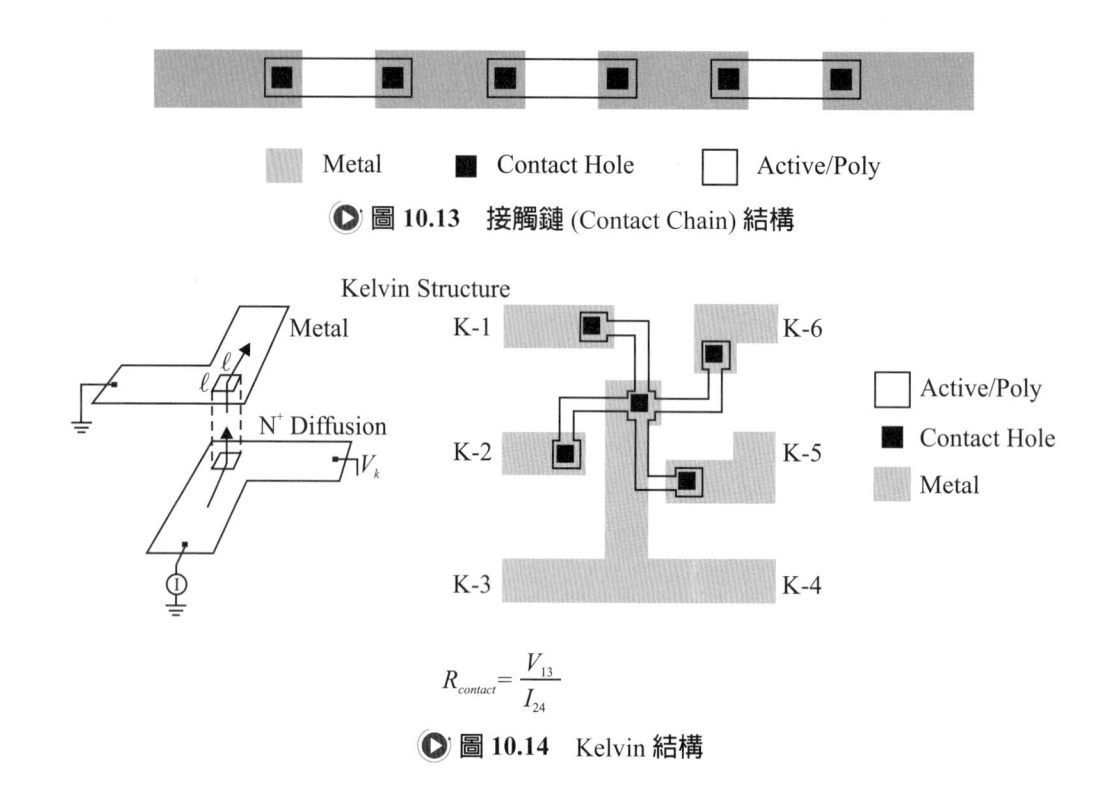

圖 10.13 接觸鏈 (Contact Chain) 結構

$$R_{contact} = \frac{V_{13}}{I_{24}}$$

圖 10.14 Kelvin 結構

10.3 非直接量測參數

最常被量測之非直接量測參數為有效通道長度 (L_{eff})。而 L_{eff} 之萃取方法很多，我們以常用之 Shift-and-Ratio 來說明萃取方法。

Taur 於 1992 年提出 Shift-and-Ratio 的方法並整理，此方法是寫成：

$$R^i_{tot}(V_g) = R_{sd} + L^i_{eff} \cdot f(V_g - V_T) \tag{10.1}$$

換句話說，將 μ_{eff} 看成是 $V_g - V_{on}$ 的函數，再把 R_{sd} 看成非 V_g 之函數，故對上式求導數可得：

$$S^i(V_g) = \frac{dR^i_{tot}}{dV_g} = L^i_{eff} \cdot \frac{df(V_g - V^i_T)}{dV_g} \tag{10.2}$$

實驗時，取長通道 (Long Channel Devices)(以 i 為代表) 及短通道 (Short Channel Devices) (以 o 為代表)，故得：

$$S^o(V_g) = \frac{dR^o_{tot}}{dV_g} = L^o_{eff} \cdot \frac{df(V_g - V^o_T)}{dV_g} \quad (10.3)$$

得兩曲線如圖 10.15。

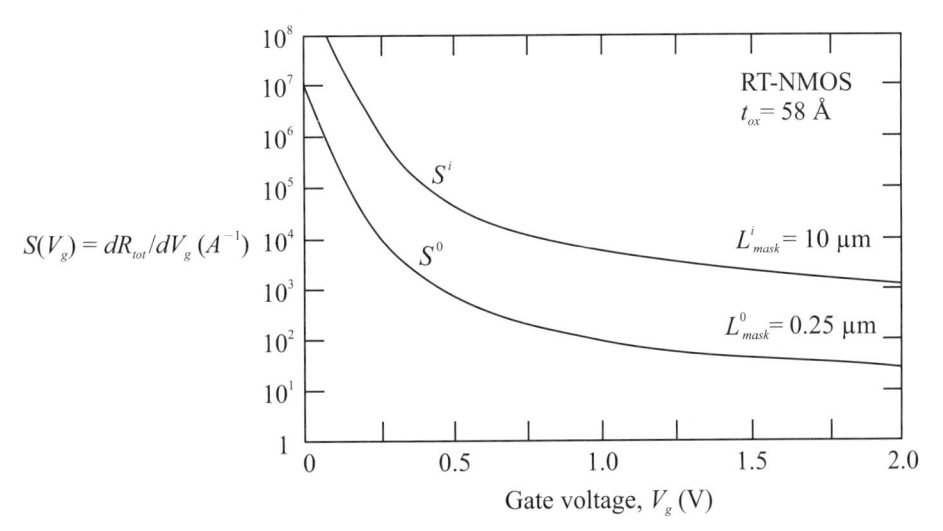

範例：由 $S(V_g) = dR_{tot}(V_g)/dV_g$ 曲線比較長通道 (Long-Channel) (L_{mask} = 10 μm) 與短通道 (Short-Channel) (L_{mask} = 0.25 μm) 元件

圖 10.15　有效通道長度之萃取方法

但由於 $V^i_T \neq V^o_T$，故 $\dfrac{S^i}{S^o} = \dfrac{L^i_{eff}}{L^o_{eff}}$，為解此一問題，設有一 $\delta = V^o_T - V^i_T$，可使得：

$$r = (\delta, V_g) = \frac{S^o(V_g)}{S^i(V_g - \delta)} = \frac{L^i_{eff}}{L^o_{eff}} = \text{常數 (const)} \quad (10.4)$$

接下來的問題是如何找 δ 及 r，參考圖 10.16，由於理想之 δ 值，應使 r 值與 V_g 無關，故對每一個 δ_i 可找出其於 V_g 域內之平均值：

$$\langle \bar{r}_i \rangle = \frac{\displaystyle\int_{\Delta V_g} r(\delta_i, V_g) dV_g}{\displaystyle\int_{\Delta V_g} dV_g} \quad (10.5)$$

及其變異值 (Variance)：

$$\langle \sigma_i^2 \rangle = \langle \overline{r}_i^2 \rangle - \langle r_i \rangle^2 = \frac{1}{n-1}\sum_{j=1}^{n}(\overline{r}_i - r_{ij})^2 \tag{10.6}$$

其中 $j = 1, ... , n$；$n = 10$，為 V_g 之測試次數。

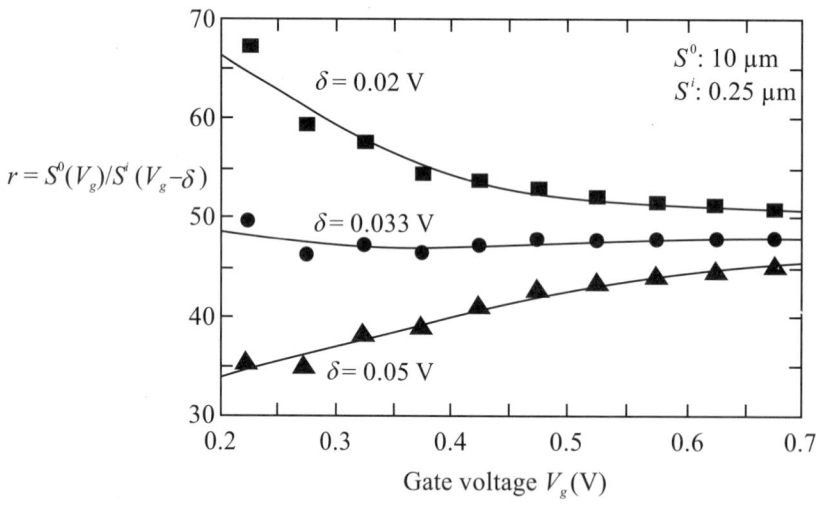

由(δ, V_g)值對V_g之關係來得到圖10.15之δ

▶ 圖 10.16　δ 值之萃取方法

由計算結果，畫出如圖 10.17 之曲線，由於 Variance 越小，表示 r 與 V_g 越無關，因此可找出 σ_{min}，表示與 V_g 最無關之 σ_m 及 r_m，用此結果可得：

$$r_m = \frac{L^o_{eff}}{L^i_{eff}} = \frac{L^o_{maks} - \Delta L}{L^i_{maks} - \Delta L} \tag{10.7}$$

由於長通道 L^o_{eff} 可由 Channel-Resistance Method 求得，即 $L^o_{eff} = L_{mask}$ 光罩上之尺寸大小，故 L^i_{eff} 可由 (10.7) 式求出。

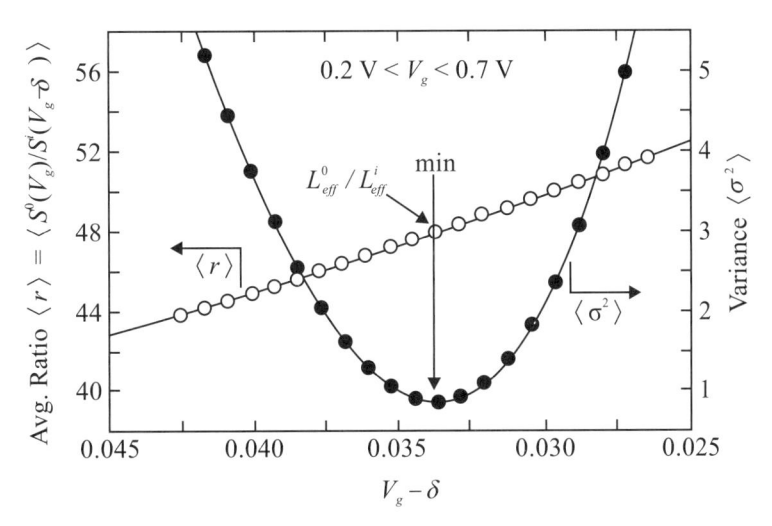

平均值 $\langle r \rangle$（圖）與變異值 $\langle \sigma^2 \rangle$（實心）對 δ 之關係圖

圖 10.17

10.4 習題

1. 請說明 MOSFET 可直接測量之元件參數？
2. 請說明如何量測 MOSFET 截止電壓。
3. 請說明如何量測 MOSFET 之次臨界擺幅。
4. 請說明如何量測 MOSFET 之飽和電流。
5. 請說明如何量測 MOSFET 之遷移率。
6. 請說明如何量測 MOSFET 之閘極電容。
7. 請說明如何量測內連線之間的片電阻與接觸電阻。
8. 如何量測 MOSFET 之有效通道 (Leff)。

測量元件設計 11

Test-Key Design and Auto

　　本章將說明如何設計可量測之半導體元件結構提供半導體元件製程設計者分析相關元件特性，以及如何可以評估因製程變異所造成之元件特性差異，也進一步提供元件製程設計者在設計元件製程時可以有較正確之方向去改善元件特性。

11.1 測試鍵 (Test-Key)

　　所謂測試鍵 (Test-key) 即是一些簡化結構的元件或電路。與 IC 產品 (較複雜的電路) 同時在同一片晶片上製作，如此一來，即可重現 IC 內部的元件／電路發生的問題，以幫助我們即時評估 IC 產品的好壞或了解製程問題之所在。

　　相關常規劃之測試鍵如下：

11.1.1 MOSFET 元件測試鍵

　　如圖 11.1 所示為 MOSFET 之元件測試鍵結構圖，可以量測不同寬度 (Width) 與不同長度 (Length) 等相關元件特性。

11.1.2 MOS 電容器 (MOS Capacitor)

　　圖 11.2 所示為 MOS 電容器之測試鍵結構圖，可以測試相關 MOS 之電容值。

A. MOSFETs (各種長度與寬度)
　1. n 型 MOSFET(在p位井內)
　　a. Fixed Width with different Length
　　b. Fixed Length with different Width
　2. p 型 MOSFET(在n位井內)
　　a. Fixed Width with different Length
　　b. Fixed Length with different Width
　3. n 型 MOSFET (在場氧化層上方)
　　a. poly gate
　　b. metal gate
　4. p型 MOSFET (在場氧化層上方)
　　a. poly gate
　　b. metal gate

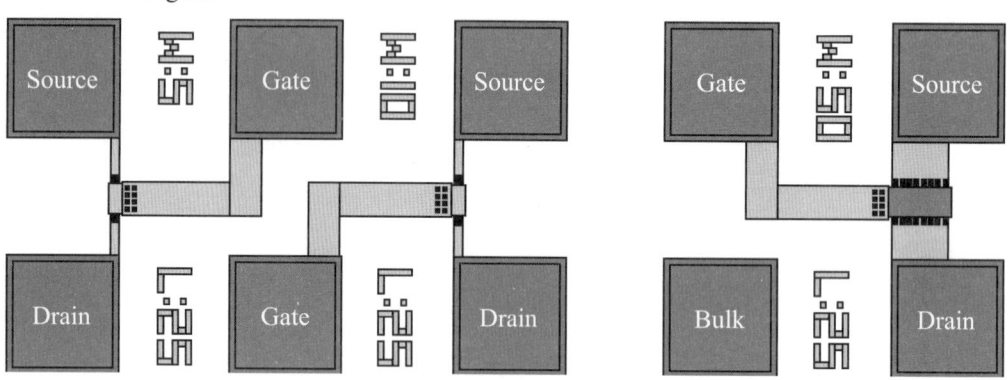

圖 11.1　MOSFET 元件測試鍵

B. 電容　(不同面積；不同氧化層)
　1. G_{ox}/n-well
　2. G_{ox}/p-well
　3. M2/oxide/M1
C. 接面電容
　1. N^+/p-well (大面積；長條型)
　2. P^+/n-well (大面積；長條型)

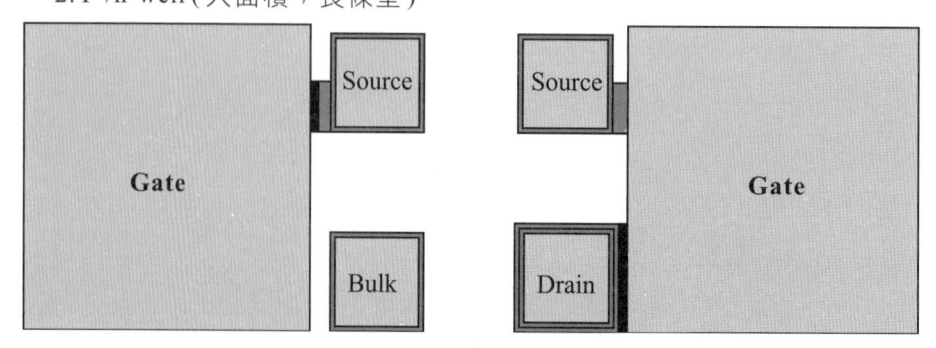

圖 11.2　面積為 300 μm×300 μm 在基板與位井間之電容

11.1.3　接面電容

另外,接面電容包含 n^+/p-well 以及 p^+/n-well 之接面電容,結構與 MOS 電容器相似。

11.1.4　接觸電阻

圖 11.3 為四點 Kelvin 結構之接觸電阻測試鍵結構,而圖 11.4 為接觸鏈 (Contact String) 之測試結構。

  D. Contact Resistors (Various Size): Kelvin Structure, Contact String

   1. M1/n^+ contact

   2. M1/p^+ contact

   3. M1/Poly-Si

   4. M1/M2 VIA

  E. Sheet Resistance

   1. n-well

   2. p-well

   3. n^+ Diffusion

   4. p^+ Diffusion

   5. n^+ Poly-Si

   6. p^+ Poly-Si

   7. Metal 1

   8. Metal 2

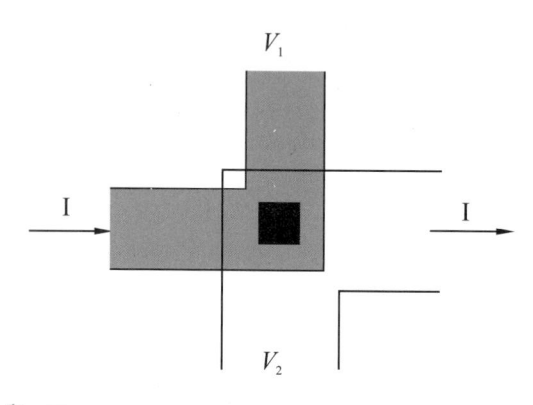

● 圖 11.3　四點 Kelvin 結構之接觸電阻測試鍵

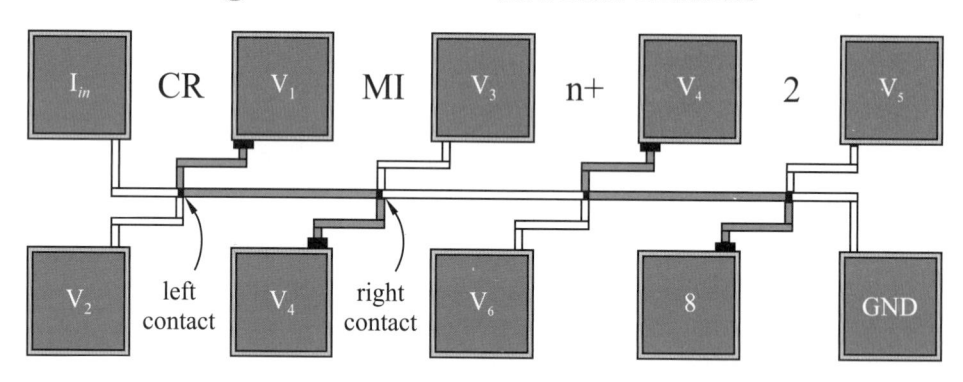

● 圖 11.4　接觸電阻 (Contact Resistance, CR) 接觸鏈測試鍵

11.1.5　片電阻 (Sheet Resistance)

簡單之片電阻量測結構如圖 11.5 所示，包含 Well、Poly-Si、n^+/p^+ Diffusion 以及金屬線，其方法為使用 Van-Der-Pauw 方法量得，即 $R_S = \dfrac{\pi}{\ln 2}\left(\dfrac{V_1 - V_2}{I_{RS}}\right)$，結果如表 11.1 所示為 Poly-silicon 電阻值。

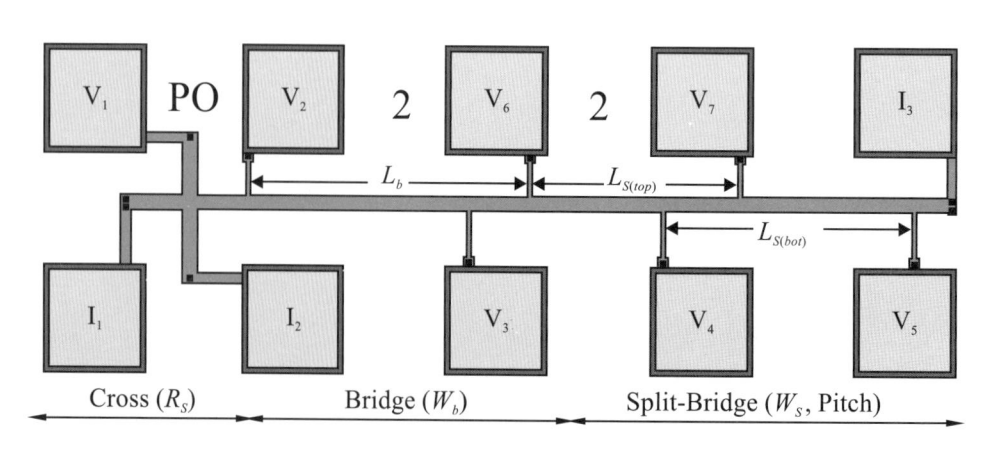

● 圖 11.5　片電阻量測結構

表 11.1　不同佈局之多晶矽在不同位置片電阻測量值

die X	die Y	R_s (Ω/sq.)	W_b drawn (μm)	W_b meas. (μm)	W_s drawn (μm)	$W_{s(bot)}$ meas. (μm)	$W_{s(top)}$ meas. (μm)	S (μm)	P (μm)
4	5	17.9	6.0	5.53	2.0	1.80	1.79	1.94	3.74
1	5	19.1	6.0	5.88	2.0	1.87	1.88	2.13	4.01
4	7	18.0	6.0	5.79	2.0	1.86	1.88	2.06	3.92
3	2	19.8	6.0	5.89	2.0	1.87	1.87	2.15	4.02
6	4	18.3	6.0	5.82	2.0	1.85	1.86	2.10	3.96
3	4	19.0	6.0	5.75	2.0	1.85	1.85	2.06	3.91

11.1.6　線之連續性與橋接

由於半導體許多內接線 (Interconnection)，所以要注意其線的連續性 (Continuity) 與可能之橋接 (Bridging)，如下所示：

線之連續性 (Line Continuity) (不同寬／間隔)

　　1. 多晶矽 (Poly Lines)

　　2. 第一層金屬 (Metal 1)

　　3. 第二層金屬 (Metal 2)

線之橋接 (Line Bridging) (不同間隔)

　　1. 多晶矽 (Poly Lines)

　　2. 第一層金屬 (Metal 1)

　　3. 第二層金屬 (Metal 2)

其測量方式可由片電阻測量結構如圖 11.5 所示來量測。

11.2 測試鍵配置

大部分測試鍵配置會放在晶圓 (Wafer) 中晶粒 (Die) 與晶粒間之切割道 (Scribe Line) 上，圖 11.6 為晶粒之分配圖，圖 11.7 為晶粒間之切割道示意圖，而圖 11.8 為測試鍵擺設在晶粒間切割道之配置圖。

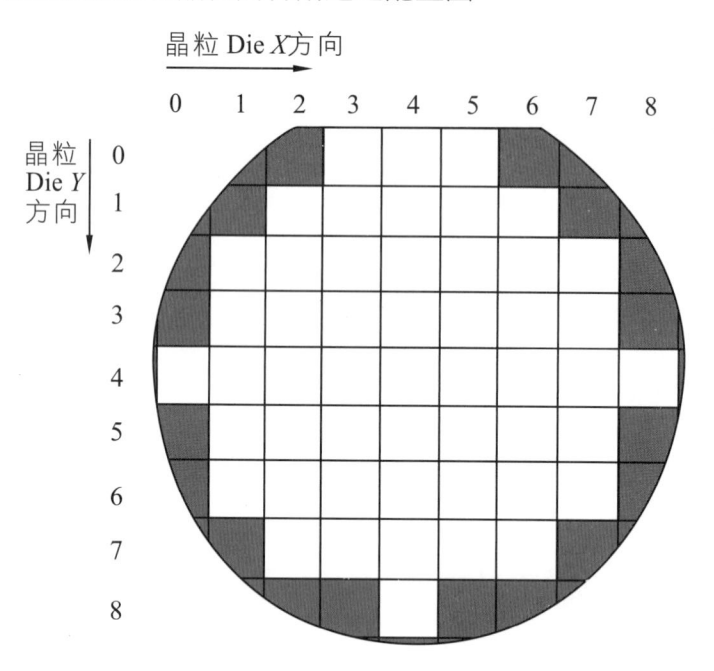

● 圖 11.6　晶粒分配在晶圓之佈局圖

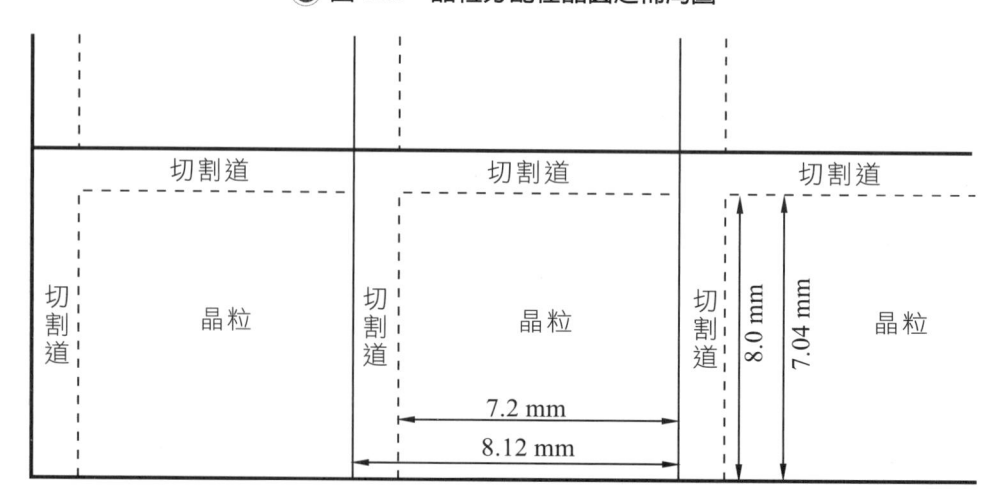

● 圖 11.7　切割道在相隔晶粒之間

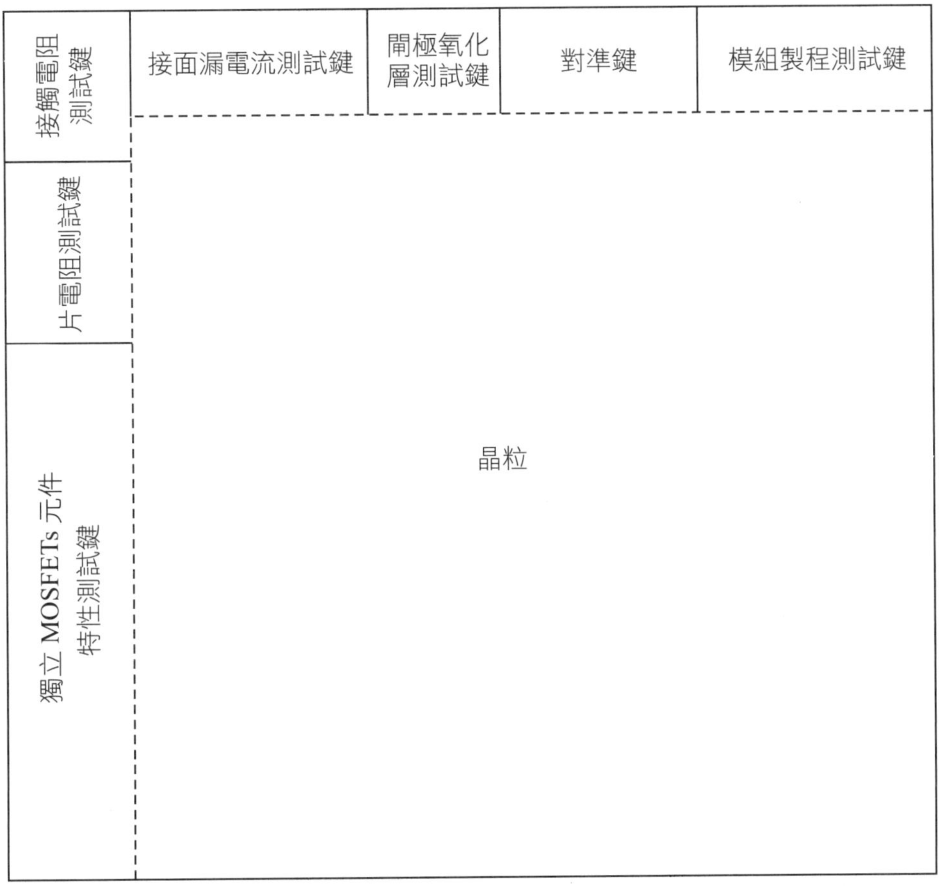

Chapter **11** 測量元件設計 145

接觸電阻測試鍵	接面漏電流測試鍵	閘極氧化層測試鍵	對準鍵	模組製程測試鍵
片電阻測試鍵	晶粒			
獨立 MOSFETs 元件特性測試鍵				

▶ 圖 11.8　測試鍵擺設在切割道之佈局

11.3　自動測試

11.3.1　晶圓接受測試

　　WAT 的英文全名是 Wafer Acceptance Test，晶圓接受測試，它是晶圓在完成製程前，能否從晶圓廠出貨到下一流程的依據。主要是測試擺在晶圓切割道 (Scribe Line) 上的測試鍵 (Test-Key)。測試鍵通常設計有許多元件，如 nMOS 及 pMOS 電晶體、電容、電阻、n 及 p Contact、Poly Contact、Metal Line 等。測試方法是，用探針卡 (Probe Card) 的針點在測試鍵的 Metal Pad 上，探針卡接線的另一端接到 WAT 系統的測試儀器，由 WAT 程式自動控制要量測什麼

電性和哪一個元件，測完某條測試鍵後，WAT 程式會控制點針機台 (Probing Machine)，自動移到下一條測試鍵繼續量測，直到整片晶圓測完，就換下一片晶圓。在 WAT 的測試下可確保晶圓達到某種程度上的品質與穩定性。而 WAT 的主要目的是模擬客戶所設計的電路，並監控 Fab 製程的穩定性及增進產品良率，所以 WAT 對 IC 設計而言扮演著很重要的角色。

11.3.2　自動測試流程

圖 11.9 為自動測試機台所呈現之測試示意圖，包含測試軟體、測試參數，以及相關硬體等。

11.3.3　WAT 結果

WAT 大致是以整片晶片數 5 至 9 點來取樣，表 11-2 至表 11-8 分別為 nMOSFET、pMOSFET，以及相關電阻、電容、漏電流等特性結果，每次取樣值為 5 點。

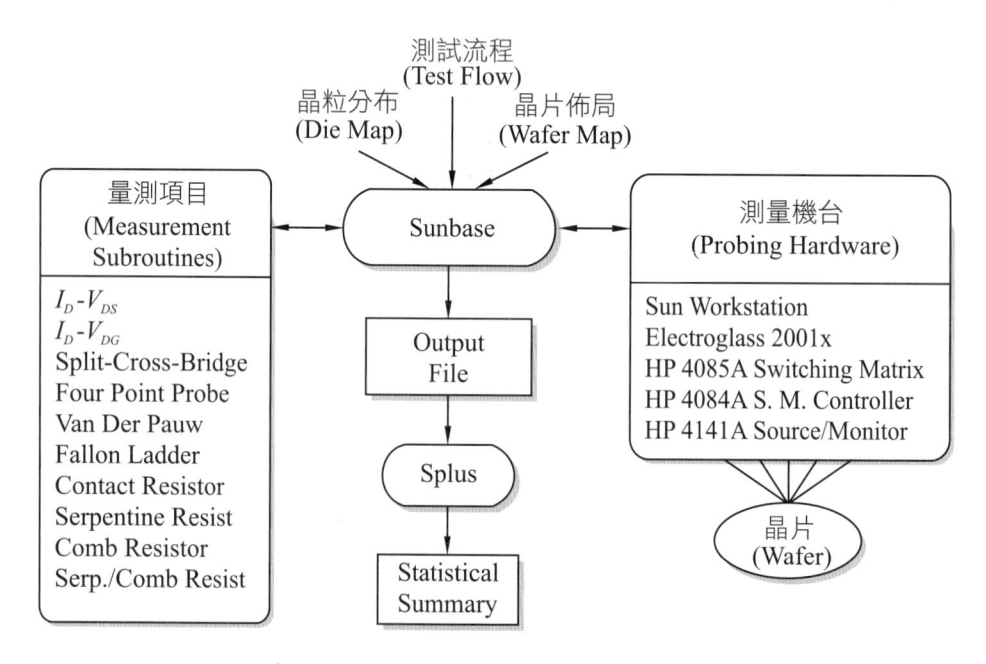

▶ 圖 11.9　自動測試機台之測試流程圖

表 11.2 nMOSFET 之基本元件特性

參數 (Parameter)	單位 (Unit)	<1-1>	<1-2>	<1-3>	<1-4>	<1-5>
VTON10_10	伏特 (Volt)	0.2748	0.2819	0.2766	0.2727	0.2687
VTON10_22	伏特 (Volt)	0.3937	0.4028	0.4014	0.392	0.394
VTON10_21	伏特 (Volt)	0.3992	0.4011	0.3941	0.3971	0.3864
VTON10_2	伏特 (Volt)	0.3936	0.4081	0.4037	0.3989	0.3904
VTON10_19	伏特 (Volt)	0.3957	0.4072	0.3877	0.3972	0.3927
VTON10_18	伏特 (Volt)	0.3868	0.3993	0.3892	0.3962	0.3835
VTON10_17	伏特 (Volt)	0.3816	0.3908	0.3735	0.383	0.3877
VTON10_16	伏特 (Volt)	0.3581	0.3754	0.3591	0.37	0.3639
VTON10_15	伏特 (Volt)	0.3146	0.3282	0.3156	0.3412	0.3458
Gmmaxn10_10	A/V	3.16E-05	3.10E-05	3.14E-05	3.19E-05	3.21E-05
Gmmaxn10_15	A/V	0.001965	0.0019	0.001951	0.001902	0.001892

表 11.3 nMOSFET 之基本電流特性

參數 (Parameter)	單位 (Unit)	<1-1>	<1-2>	<1-3>	<1-4>	<1-5>
IDSN10_10	安培 (A)	7.08E-05	6.87E-05	7.03E-05	7.20E-05	7.31E-05
ISN10_10	安培 (A)	−7.08E-05	−6.87E-05	−7.03E-05	−7.20E-05	−7.31E-05
IBN10_10	安培 (A)	−3.56E-11	−4.30E-11	−3.98E-11	−3.19E-11	−3.62E-11
IGN10_10	安培 (A)	1.50E-13	1.80E-12	−8.00E-13	8.00E-13	2.40E-12
IDSN10_15	安培 (A)	0.003428	0.003289	0.003425	0.003153	0.003131
ISN10_15	安培 (A)	−0.003429	−0.00329	−0.003425	−0.003152	−0.003131
IBN10_15	安培 (A)	−1.36E-10	−1.24E-10	−1.49E-10	−1.28E-10	−1.18E-10
IGN10_15	安培 (A)	7.00E-13	2.50E-13	−3.50E-13	1.75E-12	5.50E-13
IOFFN10_15	安培 (A)	2.13E-10	1.82E-10	2.00E-10	2.27E-10	2.53E-10
IOFFSN10_10	安培 (A)	−2.24E-10	−1.91E-10	−2.14E-10	−2.32E-10	−2.62E-10
IOFFBN10_10	安培 (A)	−4.37E-11	−1.76E-11	−3.41E-11	−5.63E-11	−2.20E-11
IOFFGN10_10	安培 (A)	1.90E-12	1.90E-12	1.00E-13	−1.10E-12	−1.50E-12
IOFFN10_15	安培 (A)	1.97E-07	1.82E-07	2.65E-07	8.50E-08	5.28E-08
IOFFSN10_15	安培 (A)	−1.91E-07	−1.76E-07	−2.58E-07	−8.24E-08	−5.10E-08
IOFFBN10_15	A	−4.61E-11	−3.63E-11	−6.15E-11	−3.99E-11	−3.26E-11
IOFFGN10_15	A	−4.00E-13	−8.00E-13	−5.50E-13	1.45E-12	1.65E-12

表 11.4　nMOSFET 之短通道效應特性

參數 (Parameter)	單位 (Unit)	<1-1>	<1-2>	<1-3>	<1-4>	<1-5>
DIBLN10_10		2.222	3.333	2.222	3.333	3.333
DIBLN10_15		96.67	101.1	104.4	85.56	84.44
IDSN10_15_1	安培 (A)	0.00475	0.004584	0.00475	0.004436	0.004413
ISN10_15_1	安培 (A)	−0.00475	−0.004583	−0.00475	−0.004434	−0.004413
IBN10_15_1	安培 (A)	−2.49E-09	−2.39E-09	−2.71E-09	−2.03E-09	−1.92E-09
IGN10_15_1	安培 (A)	−1.70E-12	2.80E-12	1.05E-12	1.15E-12	7.50E-13
BVDN10_10	伏特 (Volt)	4.3	4.3	4.3	4.3	4.3
BVDN10_15	伏特 (Volt)	1.8	1.9	1.6	2.4	2.6
SWINGN10_22	mV/dec.	75.54	75.92	76.07	75.27	75.52
SWINGN10_15	mV/dec.	84.06	82.81	83.83	81.89	80.83

表 11.5　nMOSFET 之基本元件特性

參數 (Parameter)	單位 (Unit)	<1-1>	<1-2>	<1-3>	<1-4>	<1-5>
VTOP10_10	伏特 (Volt)	0.39	0.4062	0.392	0.3973	0.3941
VTOP10_22	伏特 (Volt)	0.3942	0.4117	0.3971	0.4066	0.41
VTOP10_21	伏特 (Volt)	0.3906	0.4131	0.3949	0.4018	0.4036
VTOP10_2	伏特 (Volt)	0.3916	0.4102	0.3954	0.4018	0.4022
VTOP10_19	伏特 (Volt)	0.3819	0.4045	0.383	0.3989	0.3974
VTOP10_18	伏特 (Volt)	0.3767	0.3917	0.3793	0.3916	0.3911
VTOP10_17	伏特 (Volt)	0.362	0.3872	0.3591	0.3811	0.3769
VTOP10_16	伏特 (Volt)	0.3377	0.354	0.3346	0.3552	0.3605
VTOP10_15	伏特 (Volt)	0.3023	0.3143	0.28	0.3172	0.3277
Gmmaxp10_10	A/V	6.65E-06	6.52E-06	6.61E-06	6.57E-06	6.67E-06
Gmmaxp10_15	A/V	0.0005453	0.0005437	0.0005714	0.0005295	0.0005174

表 11.6　pMOSFET 之基本電流特性

參數 (Parameter)	單位 (Unit)	<1-1>	<1-2>	<1-3>	<1-4>	<1-5>
IDSP10_10	安培 (A)	−1.04E−05	−9.54E−06	−1.02E−05	−9.94E−06	−1.02E−05
ISP10_10	安培 (A)	1.04E−05	9.54E−06	1.02E−05	9.94E−06	1.02E−05
IBP10_10	安培 (A)	−6.30E−12	−7.55E−12	−1.04E−11	−6.85E−12	−5.65E−12
IGP10_10	安培 (A)	−1.95E−11	2.20E−12	2.50E−13	2.50E−13	−1.20E−12
ISP10_15	安培 (A)	0.001329	0.001308	0.001469	0.001254	0.001194
IBP10_15	安培 (A)	−5.35E−12	−3.25E−12	−6.10E−12	−4.10E−12	−6.25E−12
IGP10_15	安培 (A)	−1.85E−11	1.50E−12	2.05E−12	−5.00E−14	−4.50E−13
IOFFP10_10	安培 (A)	−3.05E−12	−1.50E−12	5.05E−12	−1.15E−12	−4.45E−12
IOFFSP10_10	安培 (A)	−1.93E−11	−6.75E−12	−7.60E−12	−7.55E−12	−7.80E−12
IOFFBP10_10	安培 (A)	−5.70E−12	−5.65E−12	−4.70E−12	−5.45E−12	−6.75E−12
IOFFGP10_10	安培 (A)	2.00E−13	1.25E−12	−7.50E−13	0	2.35E−12
IOFFP10_15	安培 (A)	−9.06E−08	−9.09E−08	−2.78E−07	−4.54E−08	−2.30E−08
IOFFSP10_15	安培 (A)	9.06E−08	9.08E−08	2.78E−07	4.53E−08	2.30E−08
IOFFBP10_15	安培 (A)	−5.35E−12	−5.25E−12	−4.55E−12	−4.55E−12	−5.25E−12
IOFFGP10_15	安培 (A)	6.00E−13	1.35E−12	1.50E−12	2.00E−12	1.35E−12

表 11.7　pMOSFET 之短通道效應特性

參數 (Parameter)	單位 (Unit)	<1-1>	<1-2>	<1-3>	<1-4>	<1-5>
DIBLP10_10		11.15	12.04	11.11	11.87	12.09
DIBLP10_15		92.22	102.2	105.6	87.78	78.89
IDSP10_15_1	安培 (A)	−0.001938	−0.001919	−0.002115	−0.001845	−0.001774
ISP10_15_1	安培 (A)	0.001937	0.001918	0.002116	0.001846	0.001773
IBP10_15_1	安培 (A)	−5.20E−12	−7.75E−12	−7.30E−12	−5.75E−12	−4.80E−12
IGP10_15_1	安培 (A)	−3.81E−11	1.30E−12	−1.65E−12	1.65E−12	7.50E−13
BVDP10_10	伏特 (Volt)	5.9	5.9	5.9	5.8	5.8
BVDP10_15	伏特 (Volt)	2.4	2.4	1.7	2.9	3.5
SWINGP10_22	mV/dec.	80.54	79.78	80.04	80.1	79.01
SWINGP10_15	mV/dec.	90.03	91	91.63	88.12	86.49

表 11.8　元件閘極漏電流特性

參數 (Parameter)	單位 (Unit)	<1-1>	<1-2>	<1-3>	<1-4>	<1-5>
IL_GOX_PW_A	安培 (A)	2.35E-12	5.00E-13	1.10E-12	7.60E-12	1.90E-12
IL_GOX_PW-PE	安培 (A)	3.15E-12	1.75E-12	2.00E-13	1.75E-12	2.05E-12
IL_GOX_PW-FE	安培 (A)	5.55E-12	4.40E-12	1.65E-12	1.65E-12	1.20E-12
BVGOX_PW_A	伏特 (Volt)	5.1	5.1	5.1	5	5
BVGOX_PW_PE	伏特 (Volt)	5.1	5.1	5.1	5	5
BVGOX_PW_FE	伏特 (Volt)	5.1	5.1	5.1	5	5
TOX_NW_NB	安培 (A)	56.96	56.76	56.84	55.5	55.49
TOX_NW_NB_INV	安培 (A)	262.6	261.9	262.3	261.5	261.2
IL_GOX_NW_A	安培 (A)	6.00E-13	8.50E-13	4.00E-13	8.50E-13	1.80E-12
IL_GOX_NW_PE	安培 (A)	1.32E-09	1.28E-11	1.83E-09	9.96E-11	3.56E-11
IL_GOX_NW_FE	安培 (A)	4.50E-13	3.90E-12	1.30E-12	1.20E-12	1.15E-12
BVGOX_NW_A	伏特 (Volt)	4.8	4.9	4.8	4.7	4.7
BVGOX_NW_PE	伏特 (Volt)	4.6	4.9	4.6	4.7	4.8
BVGOX_NW_FE	伏特 (Volt)	4.8	4.9	4.8	4.7	4.7
TOX_PW	安培 (A)	25.03	25.3	25.12	24.62	24.23
TOX_PW_INV	安培 (A)	17.5	17.6	17.6	17.1	16.8
IG_PW	安培 (A)	1.47E-10	2.15E-12	1.04E-09	3.35E-12	2.10E-12
IG_PW_INV	安培 (A)	1.42E-10	1.30E-11	9.23E-10	5.80E-12	1.06E-11

11.4 習題

1. 何謂測試鍵？
2. MOSFET 文件之測試鍵大致有哪些定常規畫之測量項目？
3. 如何設計 MOSFET 基本原件之測試鍵。
4. 如何設計內連線接觸電阻之測試鍵。
5. 如何設計片電阻之測試鍵。
6. 如何設計 MOSFET 元件之測試鍵。
7. 如何設計 MOS 電容器之測試鍵。
8. 測試鍵之位置大致如何擺放。
9. 何謂 WAT？
10. 如何分析 WAT 資料？

元件可靠性分析 12

Device Reliability Check

本章將說明元件可靠性之重要性,以及測試可靠性之原理與方法,相關元件可靠性之判定也會描述之。

隨著半導體製程技術不斷地演進,各種半導體元件的尺寸面積都不斷地微縮,運作速度也不斷地加快,關於元件可靠性的研究領域,一直扮演著極重要的角色。基於對 MOSFET 可靠性的分析,本章將對 n-/p-MOSFET 的可靠性做一系列之探討,包含熱載子效應、正負偏壓不穩定性、氧化膜可靠性等效應。

12.1 可靠性生成原理

12.1.1 熱載子效應原理

當 MOSFET 的通道長 L 很小時,也就是 Short-Channel (短通道) 元件,此時,靠近 Drain 端的橫向電場 $E = V_{DS}/L$ 會是很大,MOSFET 的通道載子、nMOSFET 的電子或 pMOSFET 的電洞,從 Source 端跑向 Drain 端時,受到上述橫向電場 E 的作用而獲得能量,稱為熱載子 (Hot Carrier),熱載子所獲得能量如果夠大,將產生碰撞游離 (Impact Ionization),將會生成很多的電子—電洞對 (Electron-Hole Pair),這些電子—電洞對,有些會受到 Gate 端電壓的吸引,而跑入閘極氧化層裡,變成陷阱電荷 (Trapped Charge) 或固定電荷 (Fixed Charge),或是打斷氧化層/矽界面上的鍵結,形成界面缺陷 (Interface States);

有些是會跑入基板 (Substrate) 端，構成 Substrate 電流，種種上面提到的結果，都會對 MOSFET 元件的可靠性特性產生影響，降低其使用的壽命。

比如對 90 nm nMOSFET 來說，如圖 12.1 所示，當元件在操作 1.2 伏特的元件時，閘極和汲極的電壓都是給 1.2 V，閘極下的區域是 p-type，而汲極的區域為 n-type，在這樣的偏壓下，閘極下方靠近汲極的地方為夾止區域 (Pinch-off Region)，也就是說呈現空乏區的狀況，此空乏區的電場對電子來說是 n-type 往 p-type 的方向，因此當元件操作時，電子從源極往汲極移動，碰到此加速電場，使電子獲得了能量，充滿能量的電子再撞擊其他原子，提供能量而產生了電子—電洞對，電子往汲極繼續移動，而電洞則被吸引到基極去，電子的移動產生雪崩現象，就是一個電子又撞出一個電子成為兩個電子，兩個再變成四個，越變越多，好像雪崩時滾雪球一樣，這是非預期的狀況，因為它會造成基極電流變大、汲極電流在飽和區無法飽和，即電流隨著汲極電壓增大而增大，嚴重時會產生 Punch Through，也就是漏電 (Leakage)。一般造成元件退化的主要是汲極累增熱載子 (Drain Avalanche Hot Carrier, DAHC) 模型如圖 12.2：一般多用基座電流 (I_{sub}) 作為監控指標，電流越大，表示 DAHC 反應越激烈。測試時多使用最大基座電流。實驗結果顯示，nMOS 元件退化主要是由閘極氧化膜界面缺陷產生所造成。

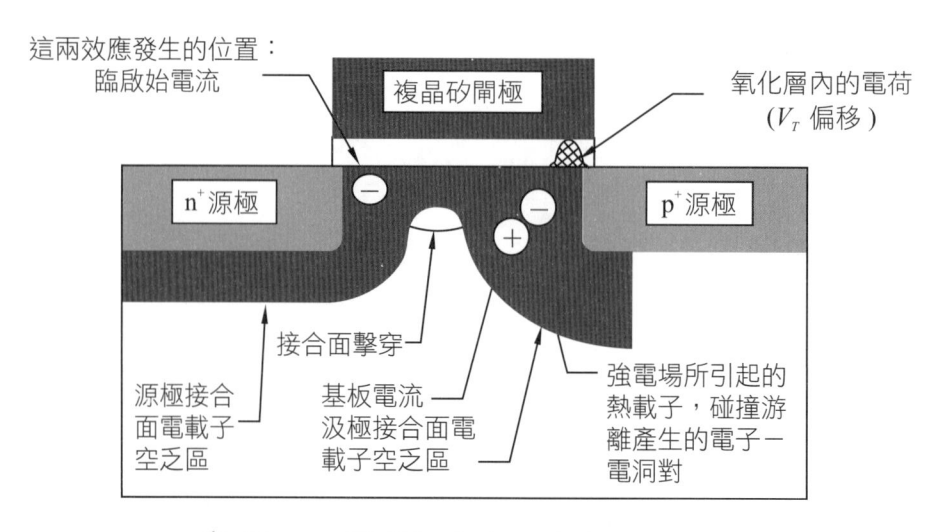

▶ 圖 12.1　電晶體工作時，汲極與通道的現象

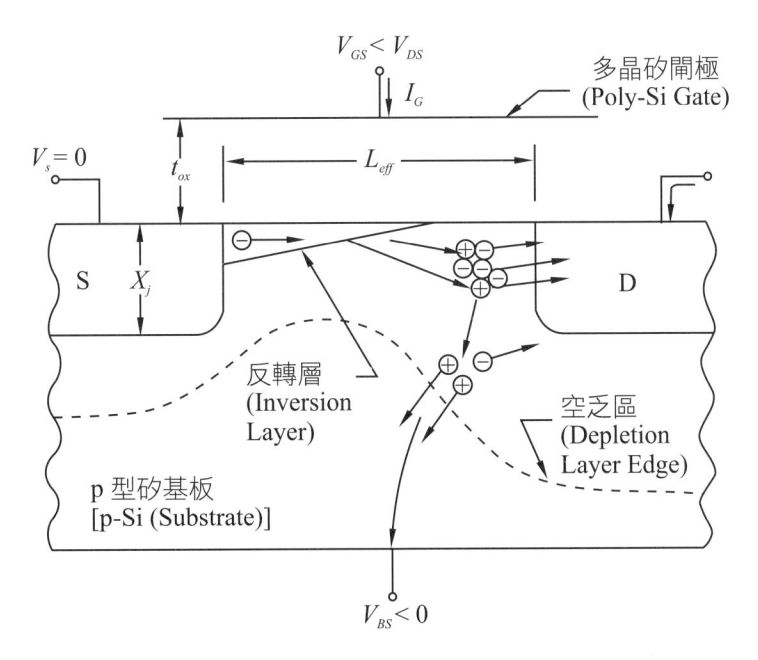

▶ 圖 12.2　DAHC 模型
MOS 元件因高電場 (~200 KV/cm) 下，通道電子獲得足夠能量而產生撞擊游離化效應，此時大部分的電子是流向汲極，而大部分的電洞則由基板收集，但還有部分因碰撞而轉向與電子結合。電洞在仍有足夠能量過 Si-SiO$_2$ 能障的情形下，注入閘極氧化膜。

要改善熱載子效應，就要降低 Drain 端的橫向電場 E，製造上都採用 LDD (Lightly Doped Drain，即淡摻雜的汲極) 製程，就是在 Drain 與 Source 的離子佈植前，先離子佈植濃度較淡的 LDD，然後在 Spacer 做好之後，再離子佈植 Drain 與 Source 區域。

12.1.2　正負電壓不穩定效應

P/NBTI 的全名為正負偏壓溫度不穩定性 (Postive / Negative Bias Temperature Instability) 效應，它會使得 N 與 P 通道 MOSFET 的臨界電壓 (V_T) 上升，載子移動率 (μ)、電導 (G_m) 和汲極電流 (I_D) 的劣化。會產生如此的情況，一般都歸因於在負閘極偏壓與高溫下產生界面缺陷和氧化層電荷所造成。典型之 NBTI 之量測如圖 12.3 所示。對 p 型 MOSFET 而言，當閘極接負偏壓時會強迫電子穿

透過閘極氧化層，直接或間接造成閘極氧化層中的缺陷產生，如此一來，此缺陷會影響 MOSFET 元件之截止電壓變化以及汲極電流之下降，造成元件特性不穩定，此就稱之為負電壓不穩定。

而對 n 型 MOSFET 來談，接閘極之電壓為正偏壓，相對而言，即是電洞被強迫穿透過閘極氧化層所造成之結果，與 p 型電晶體類似，是造成閘極氧化層缺陷，而造成元件特性不穩定，稱之為正電壓不穩定。

針對 NBTI 的效應，當我們使用一般傳統方式做量測時，步驟為：

1. 先做元件的基本量測。
2. 再對於元件做應力測試 (Stressing)。
3. 當應力完畢之後，即進入量測階段，此時再去掃描找出 V_T 值。
4. 再繼續下一次對元件的應力測試，一直到應力結束。

在得到各應力期間 V_T 電壓值後，計算應力之間 V_T 值的變動量，以此去估算元件劣化的程度及可能使用之壽命。但如此的做法會遭遇一個問題，即當元件應力過後轉換至量測狀態時是從 0 V 掃 V_G 電壓，而這會有所謂的恢復效應。使得在量測 V_T 時造成劣化量變得較小，進而在估算元件壽命時產生誤差，所以該

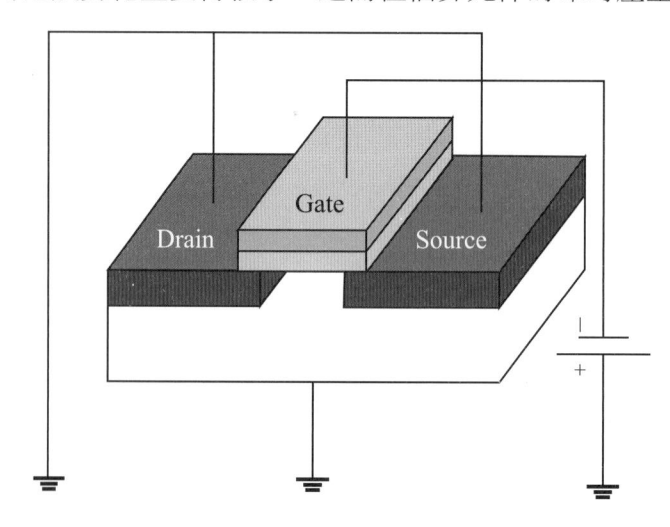

▶ 圖 12.3　典型 NBTI 的設置研究，閘極是負偏壓，而源極、汲極與基體是接地的。這些條件適用於在高溫和一定的時間間隔。由於源極和汲極是對稱的，所以通道沒有熱載子產生

如何解決此問題，則變成估算 V_T 劣化最主要的課題。

針對一般傳統量測所造成的恢復效應，即有人提出了 On-the-Fly 技術，而這個技術與一般傳統量測最主要不同的地方是：On-the-Fly 技術是在應力 (Stressing) 狀態下即時 (In-situ) 做量測，而不是從 0 V 開始掃 V_G 電壓；這樣的做法使得在估算元件劣化時能夠更貼近真實狀況，但由於 On-the-Fly 技術量測並不是從 0V 開始掃不同 V_G 的電壓，所以我們無法實際知道在 On-the-Fly 技術下應力中各量測點真正 V_T 電壓值是多少，只能去估算每一個量測點下 V_T 電壓的劣化程度，這造就了魚與熊掌不可兼得之現象。

12.2 元件退化機制

MOSFET 元件特性的退化是由缺陷產生所造成的，而造成缺陷的原因除了材料本身在製作時所產生的，另外還有電子以及電洞的注入所引起的，由於此兩種載子的注入所造成的電子捕捉陷阱與電洞捕捉陷阱和界面缺陷將會分別對元件產生不同的影響，導致元件有不同的電性表現。界面缺陷的產生需要電子與電洞同時作用形成，電洞先注入氧化層處，電子隨後注入中和電洞，造成缺陷轉移到氧化層與矽基板界面處，形成所謂的界面缺陷 (Interface States)。另外一種缺陷是由衝擊游離所造成的，此缺陷在橫向電場夠強時會發生，橫向電場賦予電子足夠的能量時 (超過 1.4 eV)，電子便會在接近汲極端處撞擊出電子—電洞對，這些擁有高能量的載子被通稱為熱載子，一旦被撞擊出的電子被閘極或汲極的正電壓所吸引後，將會成為閘極或汲極電流的一部分，而電洞被基板吸收後，將變成基板電流的主要來源。

熱載子的能量如果超過矽的鍵結力 1.4 eV，便會經由衝擊離子化的效應在汲極端撞擊出電子—電洞對，造成基板電流或載子注入汲極端的閘氧化層，將對元件造成破壞性。如果載子能量更高，將有可能跨越閘氧化層的能障，造成界面缺陷，使元件特性退化更多。近年來，有關負偏壓溫度的不穩定性 (NBTI) 也常被用來探討元件之可靠性。

負偏壓不穩定性主要是針對 pMOSFET 元件閘極操作在負偏壓，其在高溫度的環境下隨著時間的增加，界面缺陷與固定氧化層缺陷亦隨之增加；由於 NBTI 所造成元件退化的程度會隨元件尺寸不斷地微縮而增加，因此元件的生命週期將是由 NBTI 來主宰。

12.3 可靠性實驗設計

由前二節所示，我們將對元件進行的退化機制量測有兩種型式：(1) 元件作用在閘極與汲極，同時給予高電場應力下引致熱載子效應 (Hot-Carrier Effect)；(2) 另一種型式為僅針對閘極給予高電場進行電性逼迫之正／負偏壓不穩定性 (Positive/Negative Bias Instability, P/NBI)。

圖 12.4 為電性應力實驗之流程圖；圖 12.5 為閘極端給予正／負偏壓條件，並在室溫下進行正／負偏壓不穩定性可靠性量測；此外，針對元件閘極與汲極

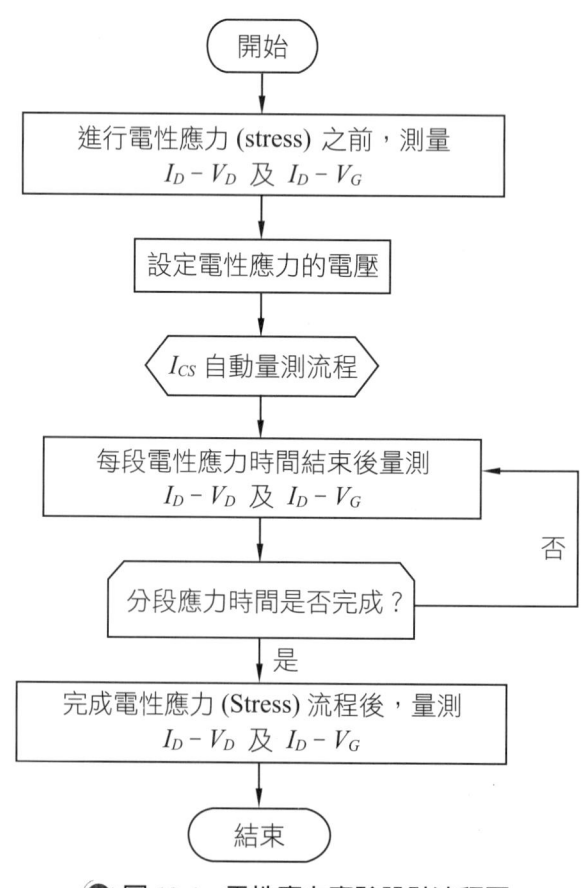

```
開始
  ↓
進行電性應力 (stress) 之前，測量
$I_D$ - $V_D$ 及 $I_D$ - $V_G$
  ↓
設定電性應力的電壓
  ↓
$I_{CS}$ 自動量測流程
  ↓
每段電性應力時間結束後量測
$I_D$ - $V_D$ 及 $I_D$ - $V_G$
  ↓
分段應力時間是否完成？ — 否 →（回上一步）
  ↓ 是
完成電性應力 (Stress) 流程後，量測
$I_D$ - $V_D$ 及 $I_D$ - $V_G$
  ↓
結束
```

● 圖 12.4　電性應力實驗設計流程圖

同時給予正／負偏壓在室溫下進行熱載子可靠性量測，見圖 12.6。

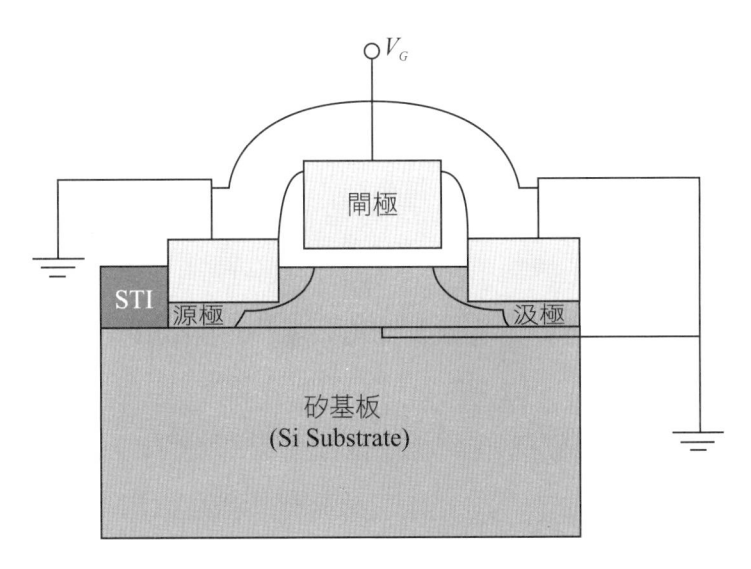

▶ 圖 12.5 N/PBTI 電性逼迫實驗設計流程圖

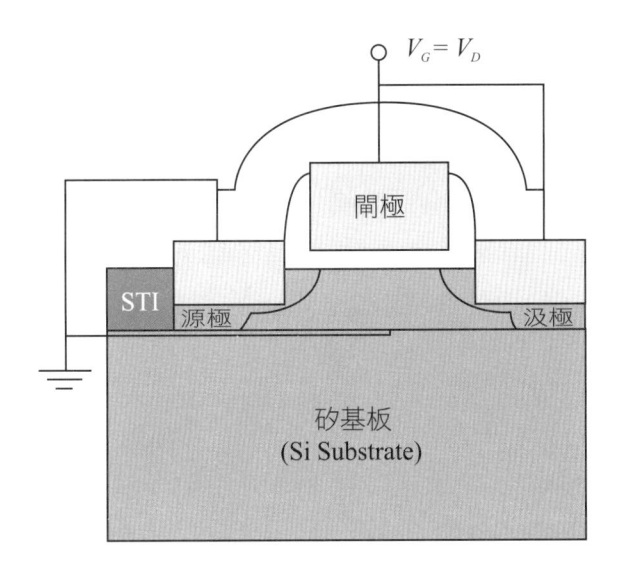

▶ 圖 12.6 熱載子可靠性電性應力實驗設計流程圖

12.4 閘極介電層崩潰

MOSFET 在「ON」態與「OFF」態接法如圖 12.7 所示，兩者在操作時皆可能吸引電子穿透過閘極介電層，一旦經由長時間之操作，會造成 MOSFET 元件閘極介電層之崩潰，進而影響元件之特性。

介電層作為阻絕載子傳輸用途，即使如少部分載子在電場加速下仍然可以穿越介電層，大致上而言，電流量還是很小；不過，介電層並非無限制使用，在偏壓持續作用下，載子流過介電層並且撞擊介電層原子激發更多電子，同時也形成更多缺陷，直到失去原有的絕緣能力，造成大量載子流過介電層，稱為介電層崩潰 (Breakdown)。以下介紹兩個衡量介電層強度的指標：

1. TZDB (Time Zero Dielectric Breakdown)
2. TDDB (Time Dependent Dielectric Breakdown)

12.4.1 TZDB

如圖 12.8 所示，在一 MOS 電容的電流對電壓曲線中，電流隨電壓微量增加，直到一個電壓器臨界值，電流會突然暴增，此臨界電壓稱為氧化層崩潰電壓，這個值的大小與量測時步階電壓上升的速率有關，上升速率越慢，崩潰電壓就越小。

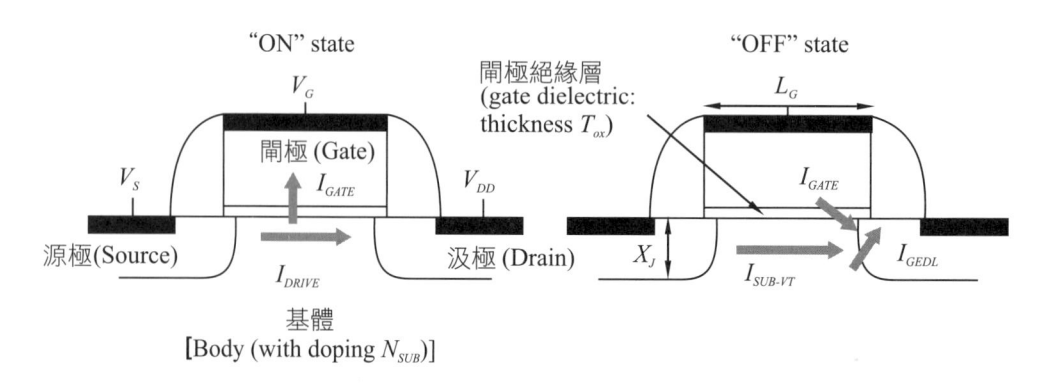

▶ 圖 12.7　MOSFET 在開 (on) 與關 (off) 操作時之電流行為

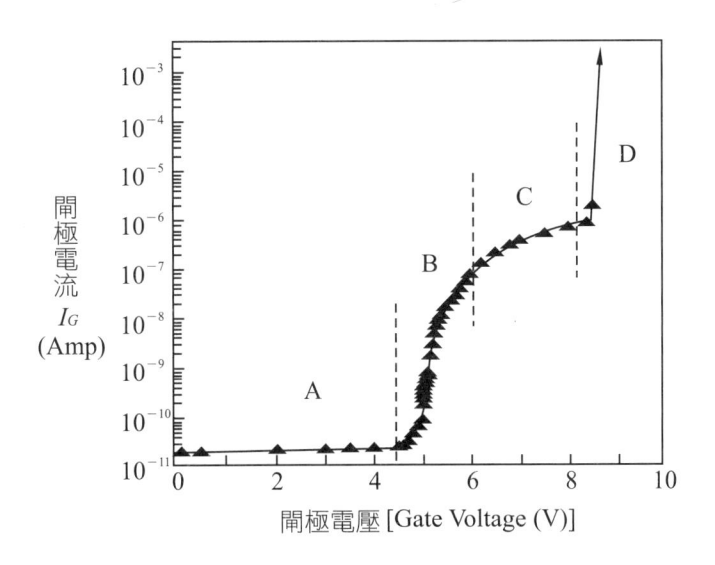

圖 12.8　介電層電流對電壓曲線

12.4.2　TDDB

TDDB 是對介電層施以一個定電壓或電流 (> V_{BD})，在定偏壓下介電層維持絕緣能力直到崩潰，如圖 12.9，而從偏壓開始到崩潰所經過的時間稱為 t_{BD} (Time to Breakdown)，而這段時間內流過介電層的電荷稱為 Q_{BD} (Charge to Breakdown)，兩者的關係為：

$$Q_{BD} = \int_0^{t_{BD}} J dt \tag{12-1}$$

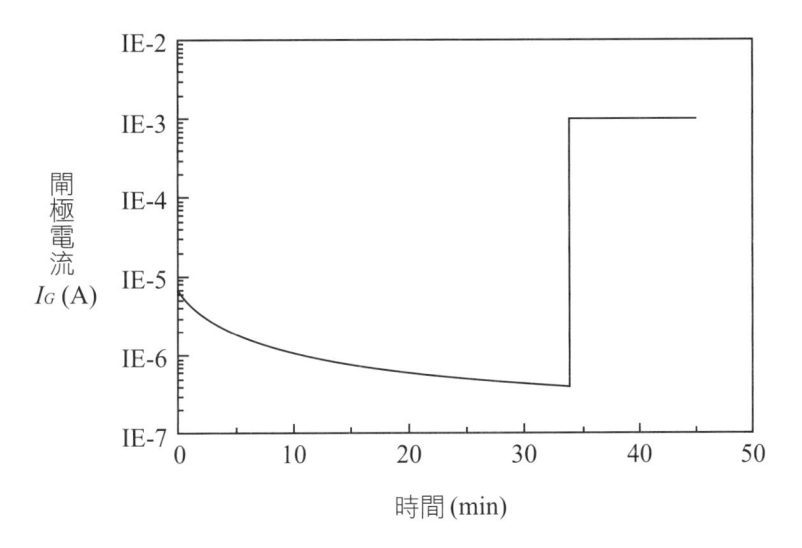

圖 12.9　定電壓下電流與時間的關係

在定偏壓下載子流過介電層並且撞擊原子產生更多電子電洞對，而 Q_{BD} 表示在崩潰之前介電層所能容忍流過介電層的電荷量，此時假設撞擊次數與流過介電層電荷量呈正比，Q_{BD} 越大，表示介電層不容易撞擊產生電子—電洞對，顯示介電層有較好的鍵結強度；另外，有關 TDDB 的量測值與所施加的偏壓有絕對的關係，一般來說，偏壓越大，t_{BD} 和 Q_{BD} 越小。

12.4.3 測試氧化膜生命週期之實例

1. 介電質隨時間而崩潰 (Time-Dependent Dielectric Breakdown, TDDB)

   加一固定電壓：記錄氧化矽膜之電流及崩潰時間，再用數學統計方法來預估其生命週期時間。圖 12.10(a) 為 TDDB 之量測技巧。

2. 崩潰電荷 (Breakdown Charge, Q_{BD})

   所加的固定電流和測試時之崩潰時間的乘積，即所謂崩潰電荷。

   Q_{BD} 的測試結果比較不曾因測試方法的不同而有所差異。圖 12.10(b) 為 Q_{BD} 之量測方式。

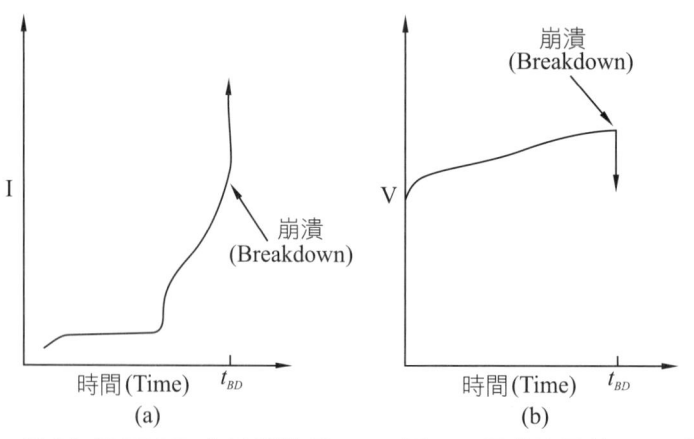

圖 (a) 是 TDDE 之量測技巧，由固定電壓量測方式，偵測出其漏電流及崩潰時間而得。

圖 (b) 是崩潰電荷 Q_{BD} 之量測方式，由 F-N 穿透時之固定電流，偵測其崩潰時間而得。

▶ 圖 12.10　(a) TDDB 之量測技巧以及 (b) Q_{BD} 之量測方式

12.5 實際量測範例

12.5.1 熱載子退化測試 (Hot-Carrier Stressing Degradation)

從先前的文獻，我們可以得知短通道元件其熱載子退化最嚴重的情況，是發生在閘極電壓 (V_G) 等於汲極電壓 (V_D) 時，因此我們將熱載子退化測試 (Hot-Carrier Stress) 的條件設在閘極電壓等於汲極電壓等於臨限電壓 +1 V 進行電性逼迫。

圖 12.11 是 90 nm nMOSFET 在不同 Contact Etching Stop Layer (CESL) 應力層 (Strain Layer) 下 Stress 條件在閘極與汲極電壓操作在臨限電壓 +1 V 下 100 分鐘前後汲極電流對汲極電壓的關係圖，經過 100 分鐘的 Stress 之後，元件的汲極飽和電流 I_{Dsat} 出現明顯的退化，High Tensile Device 經過 100 分鐘 Stress 後其 I_{Dsat} 退化了 94 (μA/μm) 較 Low Tensile Device 退化了 54 (μA/μm) 來得多。此外，我們可以發現到在線性區的汲極電流改變了，這是因為 Stress 後界面缺陷 (Interface States) 的增加導致載子遷移率 (Mobility) 降低，進而引起串聯電阻升高所致，由圖 12.12 轉移電導 (G_m) 對閘極電壓 (V_G) 的關係圖。由此圖中我們亦可見 High Tensile Device 之 G_m 峰值退化量也較 Low Tensile Device 退化量還要來得高，而 G_m 峰值的代表意義是 I_D-V_G 圖形中臨界區的最大斜率，這個值的下降也代表著次臨界區的最大斜率降低，同時也能夠反映出元件遷移率的降低，這乃是由於界面狀態產生所造成的。圖 12.13 是 90 nm nMOSFET 在不同 CESL 應力層下 Stress 條件在閘極與汲極電壓操作在臨限電壓 +1 V 下 100 分鐘前後汲極電流對閘極電壓的關係圖，經過 100 分鐘的 Stress 之後，可見到圖形之斜率變化以及向右移動的趨勢，我們認為這是因為界面缺陷 (Interface States) 增加與電荷注入氧化層造成氧化層缺陷的結果，Stress 後因為熱載子效應所造成的 Interface States 與電子注入的緣故，使得需要再額外增加閘極電壓來補償這些缺陷與抵補電子，導致臨限電壓增加。另外，我們也可以看到 High Tensile Device 因有較高的應力影響下，導致其元件亦有較高的 Interface States，在經過閘極給予負偏壓，而汲極給予正偏壓條件下所造成的極大電場，拉開了更多電子—電洞對，而電子由價電帶穿透到導電帶所造成，因而有較高的 GIDL (Gate Induced Drain Leakage) 效

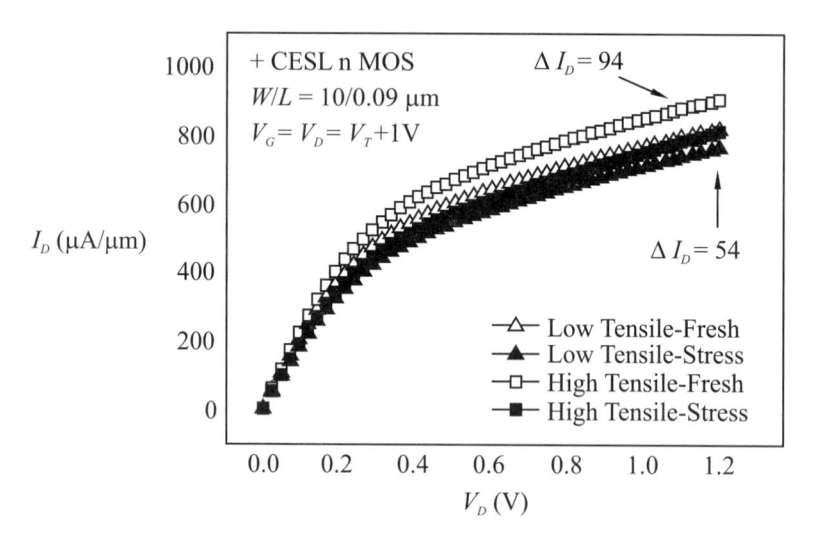

圖 12.11 90 nm nMOSFET 不同應力 CESL 之元件在 100 分鐘熱載子測試前後汲極電流對汲極電壓之關係圖

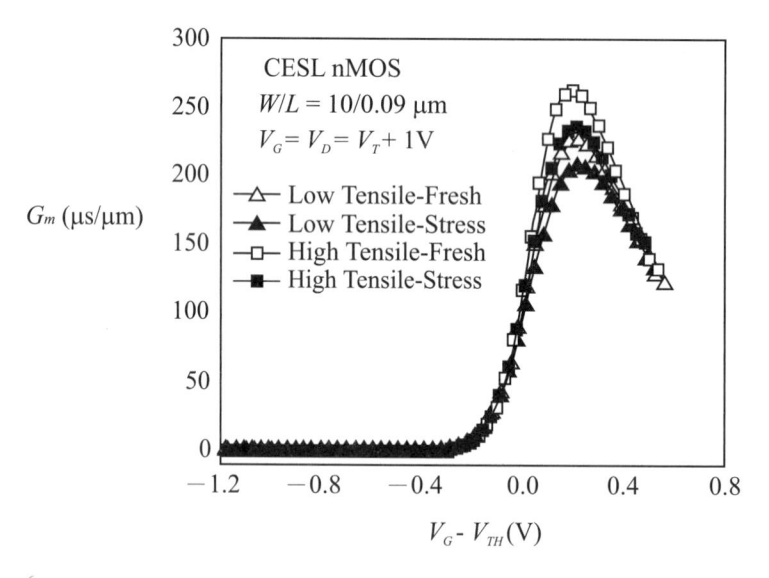

圖 12.12 90 nm nMOSFET 不同應力 CESL 之元件在 100 分鐘熱載子測試前後轉換電導對閘極電壓之關係圖

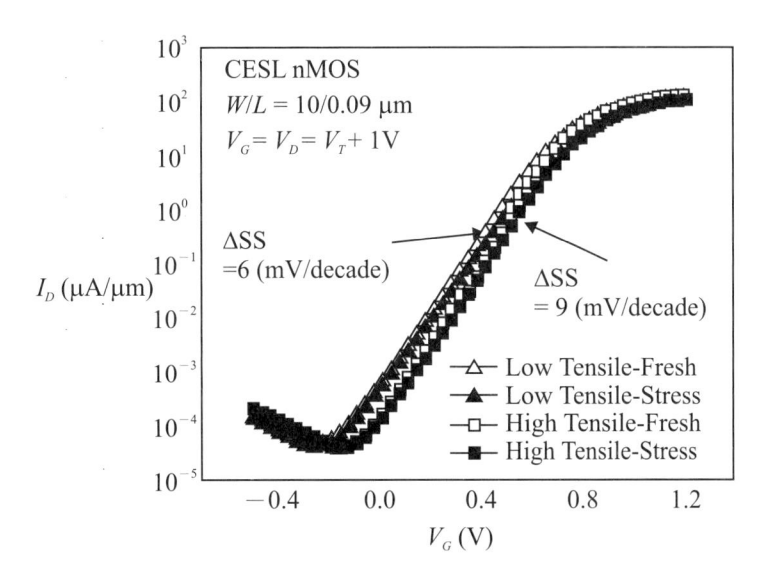

圖 12.13 90 nm nMOSFET 不同應力 CESL 之元件在 100 分鐘熱載子前後汲極電流對閘極電壓之關係圖

應發生；而我們也應用下述式 (12-2) 推算出次臨限斜率 (Subthreshold Swing, S.S.)，從次臨限斜率也可以看到 High Tensile Device 經過 Hot-Carrier Stress 後其臨限斜率變得更大 (ΔSS = 9 mV/dec.)，這是因為高伸張應力元件 Interface States 增多所導致的。同時我們也發現到經過 Stress 之後，在閘極電壓為零時，元件之 Off-State Current 有些微降低，這是因為經過 Stress 後，有部分的電子注入閘極氧化層，導致臨限電壓變大，而氧化層因有電子注入，幫助通道關閉，而降低了 Off-State Current。

$$S = \frac{dV_G}{d(\log I_D)} \qquad (12\text{-}2)$$

所以可見短通道元件在熱載子退化最嚴重的條件下 ($V_G = V_D$)，其衝擊游離化對元件的影響，當熱載子在汲極端撞出的電子─電洞對，電洞成為基板電流 (I_{sub})，而電子可能穿越閘極氧化層，成為閘極電流 (I_G)。由圖 12.14，我們可以看見經過 100 分鐘 Stressing 後，高伸張應力元件經由衝擊游離化效應電子穿越閘極氧化層的載子數量較低伸張應力元件還要多；同樣地，在基板流動的電洞亦有相同的趨勢，見圖 12.14。我們可以得到高伸張應力元件因有較大的應變壓力，及

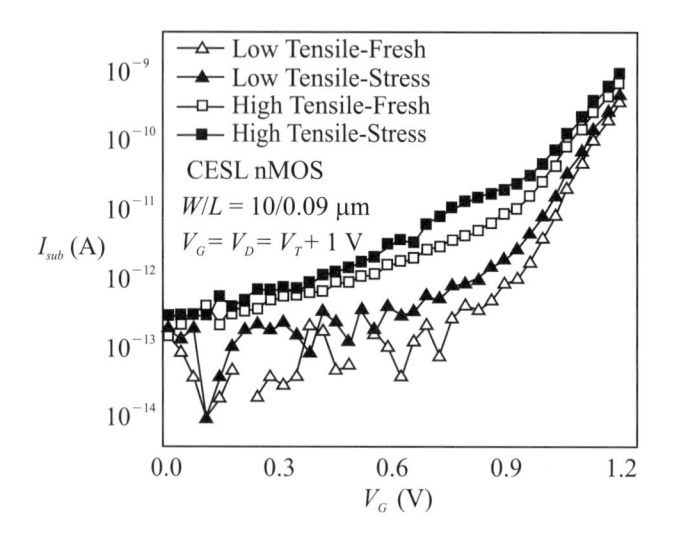

圖 12.14　90 nm nMOSFET 不同應力 CESL 之元件在 100 分鐘熱載子測試前後基板電流與閘極電壓之關係圖

因應變引起較多 Interface States，導致其熱載子的可靠性較低伸張應力元件來得差。

12.5.2　正負偏壓不穩定 (Posfive/Negafive Bias Instability, PBI/NBI)

　　正負偏壓不穩定性的量測方式，我們可以參照圖 12.5，閘極端給予正／負偏壓條件 (nMOSFET 給予正偏壓，而 pMOSFET 給予負偏壓)，在室溫下進行可靠性量測。正負偏壓不穩定性與熱載子退化兩者屬於不同性質的元件退化機制，熱載子屬於 HC Stress，而正負偏壓不穩定性則是屬 FN Stress。圖 12.15 為 nMOSFET 在不同應力 CESL 下經過 100 分鐘後正偏壓不穩定性可靠性量測之 I_D-V_G 關係圖，由圖中我們可以見到低伸張應力應變元件經過 FN Stress 之後，Si/SiO$_2$ 界面經過電壓逼迫，造成 Si-H 斷鍵，使得產生的界面缺陷 (Dit) 較高伸張應力應變元件還要多，我們由次臨限斜率 (S.S.) 變化量亦能看出低伸張應力應變元件之增加量也比高伸張應力應變元件來得高；由於經過 FN Stress 之後，低伸張應力應變元件界面缺陷變多了，導致元件之驅動電流也隨著退化。由圖 12.16 的 I_D-V_D 關係圖能清楚看見，低伸張應力應變元件之驅動電流退化量也較高伸張應力應變元件來得多；相同地，Si/SiO$_2$ 界面斷鍵所造成的缺陷也將影響

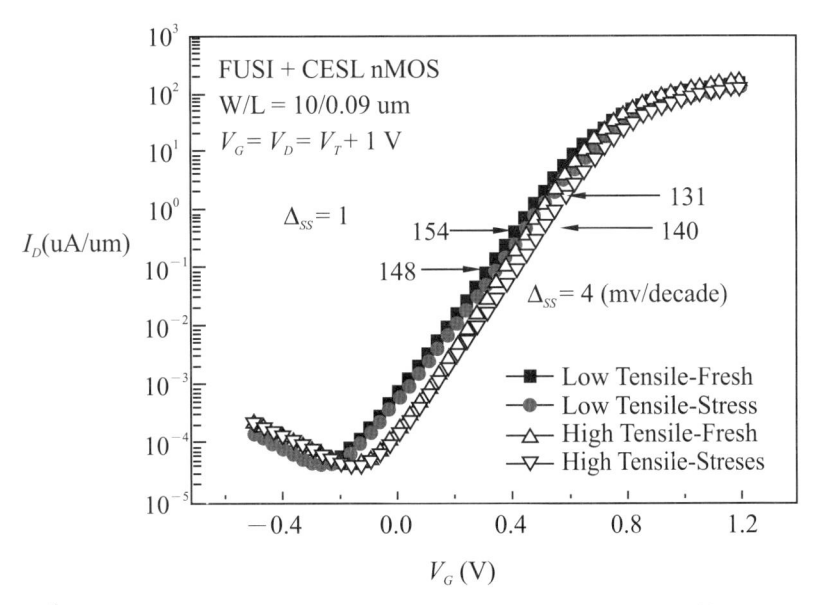

圖 12.15 90 nm nMOSFET 不同應力 CESL 在 100 分鐘 PBI 測試前後的汲極電流對閘極電壓關係圖

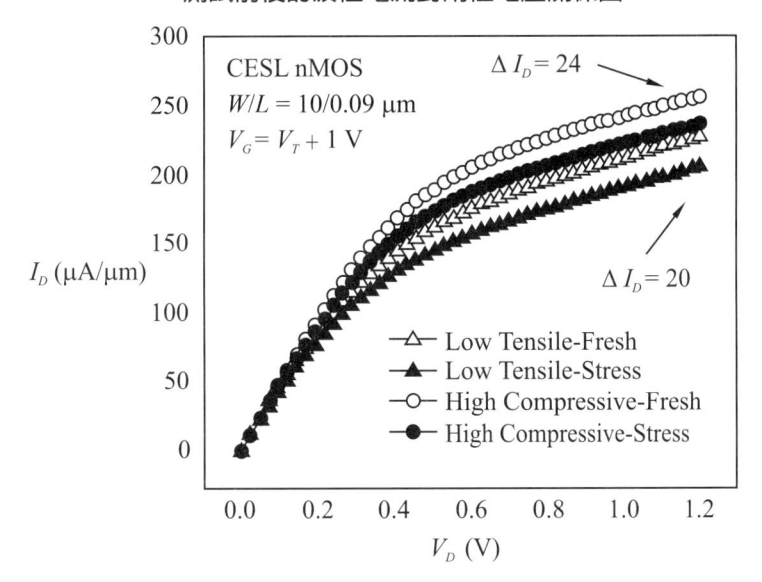

圖 12.16 90 nm nMOSFET 不同應力 CESL 在 100 分鐘 PBI 測試前後的汲極電流對汲極電壓關係圖

到元件轉移電導 (G_m) 的特性變差，如圖 12.17。

　　針對主宰深次微米 pMOSFET 元件之負偏壓不穩定性進行與 nMOSFET 相同條件的量測，同樣地，我們也看見了與 nMOSFET 元件一樣的趨勢，即經過了 100 分鐘後，FN Stress 低伸張應力應變元件所產生的界面缺陷 (Dit) 數量也

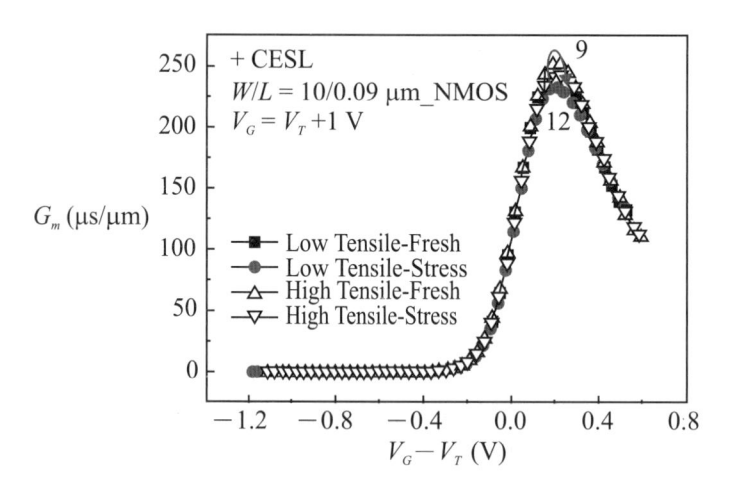

圖 12.17　90 nm nMOSFET 不同應力 CESL 100 分鐘 PBI 測試前後的轉移電導對閘極電壓關係圖

較高壓縮應力應變元件來得多，由次臨限斜率變化可知；相同地，界面缺陷之造成也將影響到元件之驅動電流 (I_D) 與轉移電導 (G_m) 之退化，見圖 12.18 至圖 12.20。

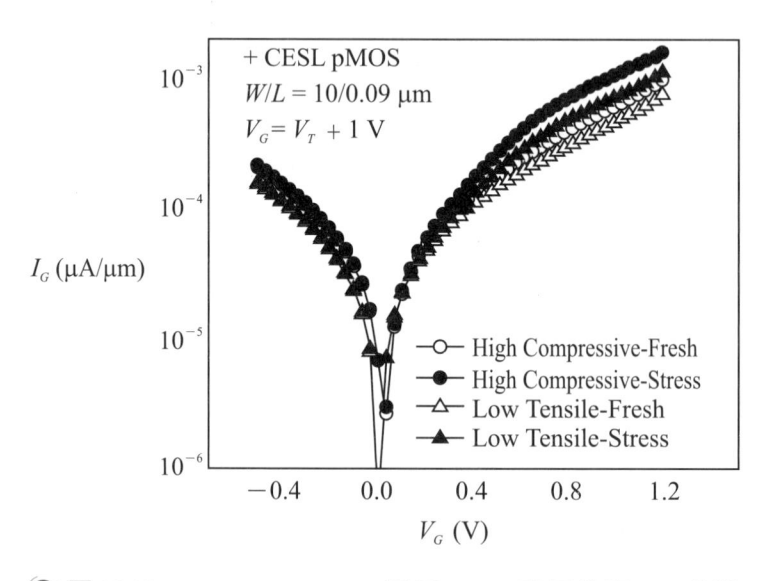

圖 12.18　90 nm pMOSFET 不同 CESL 之元件在 100 分鐘 NBI 測試前後之閘極流對閘極電壓之關係圖

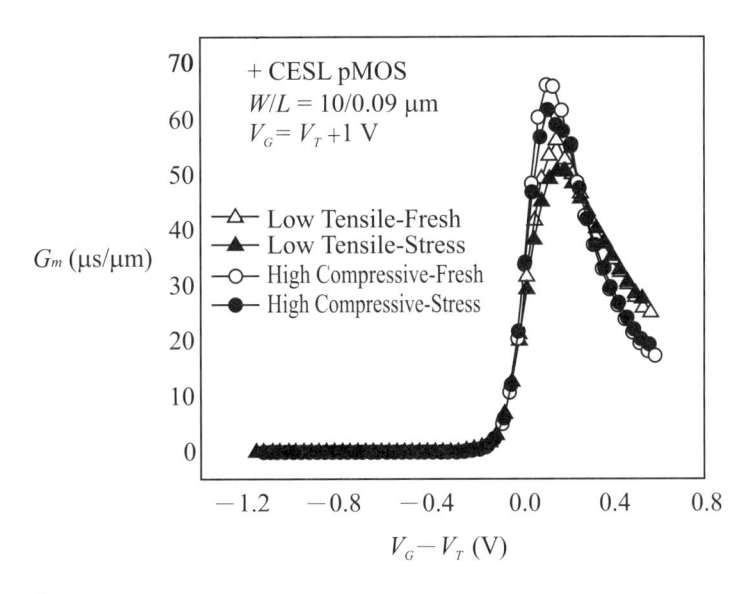

▶ 圖 12.19　90 nm pMOSFET 不同 CESL 之元件在 100 分鐘 NBI 測試前後之轉換電導對閘極電壓之關係圖

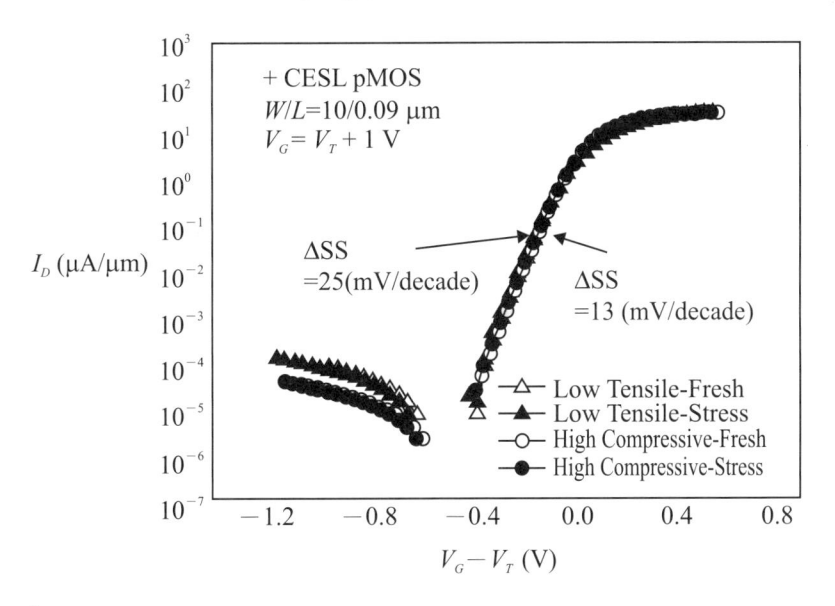

▶ 圖 12.20　90 nm pMOSFET 不同 CESL 之元件在 100 分鐘 NBI 測試前後之汲極電流對閘極電壓之關係圖

12.5.3　預測元件可靠性 10 年線

　　最終可靠性測試需用一標準來判定元件的可靠性指標，最常用之方式即以 10 年線來判定，即用不同之測量電壓 (Stressing) 量測出元件特性之退化 (如

I_D、V_T、G_m 等) 當訂出元件特性退化 5%~10% 時，即將此退化時間記錄下來，經過不同電壓下所記錄之元件退化時間整理於圖 12.21 中，所示關係圖再將記錄軌跡用趨勢線向後可推出 10 年線，即可了解不同元件所代表之可靠性。

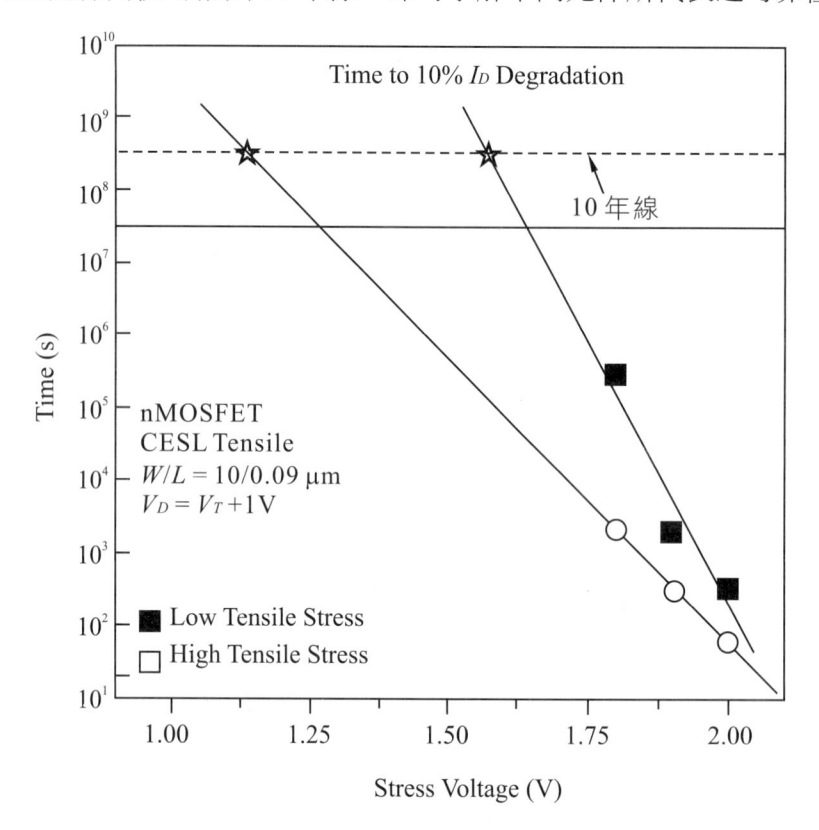

圖 12.21　預計元件可靠性 10 年線之方式

12.6 習題

1. 何謂熱載子效應？
2. 何謂正負電壓不穩定效應？
3. 如何設計元件可靠性量測？
4. 何謂閘極介電層崩潰？有哪些衡量指標？
5. 如何量測熱載子可靠性退化？
6. 如何量測正／負電壓不穩定退化？
7. 一般量測元件熱載子退化時，會觀察那些元件特性退化。
8. 如何評估元件 10 年可靠性，即如何推出可靠性 10 年線？

參考文獻

References

1. 鄭晃忠、劉傳璽編譯，2012，新世代積體電路製程技術／主編；台灣電子材料與元件協會編著，東華書局。
2. 柯鴻禧、黃琪聰編譯，2007，CMOS 積體電路設計概論 (Weste & Harris: CMOS VLSI Design 3/E)，高立圖書。
3. 莊達人，2007，VLSI 製程技術，莊達人，高立圖書公司。
4. 半導體製程技術導論，HONG XIAO 著，羅正忠、張鼎張譯。
5. 莊達人，2006，基礎 IC 技術——應用、設計與製造，全威圖書。
6. 楊志能，2005，VLSI 設計概論 (Pucknell & Kamran Eshragnian: Basic VLSI Design 3/e)，高立圖書。
7. 羅正忠、李嘉平、鄭湘原，James D. Plummer, Michael D. Deal, Peter B. Griffin 原著，2005，半導體工程——先進製程與模擬，普林斯頓。
8. 羅正忠審閱，許招墉譯，最新圖解半導體製程概論，普林斯頓。
9. 劉博文，半導體元件物理，2006，高立圖書。
10. 施敏、梅凱瑞原著，林鴻志譯，半導體製程概論 (May: Fundamentals of Semiconductor Fabrication)，2005，國立交通大學。
11. 施敏著，黃調元譯，半導體元件物理與製作技術，2007，國立交通大學。
12. 刁建成審閱，魏聚嘉譯，前田和夫著，半導體製造程序，2005，普林斯頓。
13. 羅正忠，半導體元件物理——與其在積體電路上的應用，2007，歐亞書局。

14. 半導體工程：先進製程與模擬／蕭宏著、羅正忠、張鼎張譯，半導體製程技術導論，台灣培生教育出版有限公司，2006，歐亞書局。
15. 羅文雄，蔡榮輝，鄭岫盈譯，劉文超等校閱，半導體製造技術 (Quirk)，2003，培生教育。
16. 姜庭隆譯，半導體製程 (第四版) (Zant 4/e)，2001，滄海書局。
17. 楊賜麟譯，半導體物理與元件 (Neamen)，2005，滄海書局。
18. 劉傳璽、陳進來，半導體元件物理與製程——理論與實務，2007，五南書局。
19. 張勁燕著，半導體製程設備，2008，五南書局。
20. 張景學、吳昌崙，半導體製造技術，2003，文京出版機構。
21. 簡禎富、施義成、林振銘、陳瑞坤，半導體製造技術與管理，2005，全華圖書。
22. 林明獻，矽晶圓半導體材料技術，2007，全華圖書。
23. 孫清華，詳解半導體 IC 用語辭典，1997，全華圖書。
24. 吳孟奇、洪勝富、連振炘、龔正、吳忠義，半導體元件，6/e Streetman，2007，東華書局。
25. John P. Uyemura, Chip design for submicron VLSI: CMOS layout and simulation, Toronto: Thomson/Nelson, c2006.
26. Muller, Richard S., Theodore I. Kamins, Device Electronics for Integrated Circuits, 2d, New York: Wiley, 1986.
27. Sze, Simon M., Physics of Semiconductor Devices (2nd ed.), John Wiley and Sons (WIE), 1981.
28. James D. Plummer, Michael Deal, Peter B. Griffin., Silicon VLSI technology, fundamentals, practice and modeling, Upper Saddle River, NJ: Prentice Hall, c2000.
29. Turley, Jim, The Essential Guide to Semiconductors, Prentice Hall PTR, 2002.
30. John Y. Chen., CMOS devices and technology for VLSI, Englewood Cliffs, N.J.: Prentice Hall,1990.

31. Yu, Peter Y.; Cardona, Manuel (2004). Fundamentals of Semiconductors: Physics and Materials Properties. Springer. ISBN 3-540-41323-5.
32. C. Y. Chang, ULSI Technology McGRAW-Hill, 1996.
33. Pimbley, J. M. Advanced, CMOS process technology, San Diego: Academic Press, 1989.
34. Chen, John Y., CMOS devices and technology for VLSI, Englewood Cliffs, N.J.: Prentice Hall, 1990.
35. Pimbley, J. M., Advanced CMOS process technology, San Diego: Academic Press, 1989.
36. Badih El-Kareh and Richard J. Bombard., Introduction to VLSI silicon devices: physics, technology, and characterization, Boston: Kluwer Academic Publishers, 1986.
37. Badih El-Kareh; graphics and layout, Richard J. Bombard., Fundamentals of semiconductor processing technologies, Boston: Kluwer Academic Publishers, 1995.
38. Stanley Wolf, Richard N. Tauber., Silicon processing for the VLSI era, Sunset Beach, Calif.: Lattice Press, 1986.
39. James D. Plummer, Michael Deal, Peter B. Griffin., Silicon VLSI technology: Fundamentals, practice and modeling, Upper Saddle River, NJ Prentice Hall, 2000.
40. S. M. Sze., VLSI technology, New York, McGraw-Hill, 1998.
41. Y. Tarui., VLSI technology: Fundamentals and applications, Berlin; New York: Springer-Verlag, c1986.
42. Otto G. Folberth, Warren D. Grobman., VLSI, technology and design, New York: IEEE Press, c1984.
43. Stanley Middleman, Arthur K. Hochberg., Process engineering analysis in

semiconductor device fabrication, New York, McGraw-Hill, 1993.

44. Badih El-Kareh, Richard J. Bombard, Introduction to VLSI silicon devices: Physics, technology, and characterization, oston, Kluwer Academic Publishers, 1986.

45. Yale Strausser, Gary E. McGuire; consulting editor, C. R. Brundle; managing editor, Lee E. Fitzpatrick., Characterization in compound semiconductor processing, Boston, Butterworth-Heinemann, 1995. Greenwich, Manning.

46. Gary E. McGuire, Characterization of semiconductor materials: Principles and methods, Park Ridge, N.J., U.S.A.: Noyes Publications, 1989.

47. Kenneth A. Jackson, Compound semiconductor devices: Structures and processing, Weinheim; New York: Wiley-VCH, 1998.

48. Peter Van Zant, Microchip fabrication, a practical guide to semiconductor processing, New York: McGraw-Hill, 2000.

49. W. R. Runyan, K. E. Bean., Semiconductor integrated circuit processing technology, Reading, Mass.: Addison-Wesley Pub., 1990.

50. Mikhail Levinshtein, Michael S. Shur., Semiconductor technology: Processing and novel fabrication techniques, New York: Wiley, 1997.

51. Betty Prince, Fundamentals of silicon integrated device technology, Chichester; New York: Wiley, 1991.

半導體產業相關重要組織與會議

1. ITRS，國際半導體技術藍圖制定會 (International Technology Roadmap for Semiconductors) (http://www.itrs.net/)。
2. WSTS，全球半導體貿易統計組織 (World Semiconductor Trade Statistics) (http://www.wsts.org/)。
3. IEDM，國際半導體元件會議 (International Electron Device Meeting)。
4. VLSI Symposium，國際積體電路技術會議 (http://www.vlsisymposium.org/)。

REFERENCES 參考文獻

5. SICAS，半導體國際產能統計協會 (http://www.sicas.info/)。
6. SIA，國際半導體協會 (Semiconductor Industry Association,USA) (http://www.sia-online.org/)。
7. WSTS，全球半導體貿易統計組織 (http://www.wsts.org/)。
8. TSIA，台灣半導體產業協會 (http://www.tsia.org.tw/)。
9. CIC，國家晶片系統設計中心 (http://www.cic.org.tw/cic_v13/)。
10. 台灣 SoC 推動聯盟 (http://www.taiwansoc.org/)。

索引

三劃

下寬　Footing　98
下線　Tape Out　3
上升時間　Rise Time　34
下降時間　Fall Time　34
大量投產　Mass Production　125

四劃

內切　Undercut　98
內接線　Interconnection　25, 143
化學機械研磨　Chemical Mechanocal Polish　65
切割道　Scribe Line　144
片電阻　Sheet Resistance　133, 142

五劃

代工廠　Foundry　1
可靠性　Reliability　1
可程式化邏輯元件　Programmable Logic Device, PLD　13
台階高度　Step Height　93
平坦化　Planarization　65
半客戶式　Semi-Custom　12
半導體基座　Semiconductor Substrate　29
主要製程技術　Key Process Technology　14
主動區　Active Region　43
正負偏壓不穩定性　Postive/Negative Bias Instability,PBI/NBI　166
正負偏壓溫度不穩定性　Postive/Negative Bias Temperature Instability　155, 158
石英　Ouartz　106

六劃

全客戶式　Full Custom　12
次臨界擺幅　Subthreshold Swing　128
同時　In-Situ　53
回流　reflow　65
回蝕　Etching Back　95
光罩　Mask　83, 100
光罩製作申請表　Mask Tooling Table　10
光阻　Photo Resistance,PR　106
光阻圖形　Resist Profile　98
光阻塗佈機　PR Resistance　106
光學效應　Proximity Effect　97
光學玻璃　Soda Lime　106
多晶矽　Polysilicon　53
自動對準　Self-Align　31

七劃

夾止區域　Pinch-Off Region　154
位井　Well　28
佈局　Layout　9,100
作業員　Operator　43
均勻性　Uniformity　92
完全銅製程　Fully Copper Process　73
凹溝　Trench　74
汲極　Drain　30
汲極累增熱載子　Drain Avalanche Hot Carrier, DAHC　154
良率　Yield　1, 125

八劃

非等向性　Anisotropic　23

非等向蝕刻　Anisotropic Etching　58
非晶格化　Amorphorized　61
固定電荷　Fixed Charge　153
空隙　Gap　65
矽氧化物　Silicon Oxide　29
矽蝕刻槽　Si Etching　43
阻擋層　Barrier Layer　68
金屬氧化層半導體場效電晶體　Metal-Oxide-Semiconductor-Field-Effect-Transistor　1
金屬連線　Metallization　23
金屬閘極　Metal Gate　29
延伸距離　Extension　10
長通道　Long Channel Devices　135

九劃

修正　Upgrade　114
乳膠　Emulsion　106
封裝　Packaging　1
前段　Front-End　5
前段製程　Front-End Process　25
後段　Back-End　5
後段製程　Back-End Process　25
流程卡　Run Card　43
活化　Activation　58
映射連線檔　Netlist　9
晶片　Chip　83
晶圓　Wafer　144
晶粒　Die　144
重作　Rework　90
重疊　Overlap　10
相位移光罩　Phase-Shift Mask　98
界面缺陷　Interface States　153,163

十劃

俯視圖　Top View　2
剝落　Peeling　69
氧化　Oxidation　84
配置　Place　9

十一劃

偏移量　Shift　100
嵌入式　Damascene　23
崩潰　Break Down　33
基板　Substrate　153
基體　body　33
淺溝　Trench　25
淺溝槽隔離法　Shallow Trench Isolation　25
接觸窗　Contact Window　58
接觸電阻　Contact Resistance　133
接觸鏈　Contact Chain　133
控片　Monitor Wafer　53
探針卡　Probe Card　145
乾式氧化　Dry Oxidation　84
景深　Depth of Focus　93
虛擬晶圓廠　Virtual Fab　5
陷阱　Trap　65
陷阱電荷　Trapped Charge　153
通道　Chanel　30
連續性　Continuity　143
設計公司　Design House　1
設計法則　Design Rule　3,112
設計者　Designer　2
頂層金屬層　Top Metal　76

Index 索引

十二劃

場氧化層　Field Oxide　30
測試鍵　Test-Key　125,139
等向性　Isotropic　23
絕緣層　Undoped Silica Glass,USG　65
間距　Spacing　10
最小設計法則　Key Design Rule　14
短路　Short　100
短通道　Short Channel Devices　135

十三劃

微影　Lithography　4
填洞　Filling　68
塗底　Priming　22
源極　Source　30
碰撞游離　Impact Ionization　153
階梯覆蓋　Step Coverage　86
隔離　Enclosure　100
電子　Electron　2
電子-電洞對　Electron-Hole Pair　153
電子通道　Electron channel　2
電性設計法則　Electrical Design Rule　112
電鍍法　Plating　23
電漿乾蝕刻　Plasma Dry Etching　67
飽和　Saturation　33
閘極電容　Gate Capacitance　130
閘陣列　Gate Array　13
閘氧化層　Gate Oxide　30

十四劃

對準　Alignment　91
對準鍵　Alignment Mark　46
截止電壓　Threshold Voltage　126
構思　Idea　12

構裝　Assembly　4
摻質　Doping　22
漏電　Leakage　154
複晶矽　Polysilicon　29
管洞　Via　31
製程容忍度　Process Window　92
製程規格　Process Specification　97
銅　Copper　23
蝕刻　Etching　4
蝕刻率　Etching Rate　92
蝕刻後檢查　After Etching Inspection,AEI　46

十五劃

寬高比　Aspect Ratio　86
模型　Model　2
模擬　Simulation　12
模組　Module　4
標準元件　Standard Cell　13
熱預算效應　Thermal Budget　61
熱載子　Hot Carrier　153
熱載子退化測試　Hot Carrier Stressing Degradation　163
線性區最大斜率法　Entrapolation in the Linear Region,ELR　126
線路　Circuit　83
膠片光罩　Mylar Film　106
暫存器轉化層　Register-Transfer-Level,RTL　9
遷移率　Mobility　130
鋁　Aluminum　23

十六劃

橋接　Bridging　143
積體電路　Integrated Circuit　1
整合元件製造商　Integrated Device

Manufacturer, IDM 5
選擇性 Selectivity 92
靜態功率 Static Power 37

十七劃

濕式氧化 Wet Oxidation 84
應力 Stressing 156
薄膜 Thin Film 4
薄膜沉積 Thin Film Deposition 19
磷 Phosphorus 53
黏著層 Adhesion Layer 68
臨界尺寸 Critical Dimension, CD 46
點針機台 Probing Machine 146

十八劃

擴散 Diffusion 4
濺鍍法 Sputtering 69
斷路 Open 100
繞線 Route 9
雙位井 Twin Well 25
轉換電導 Transconductance 126

鎢 Tungsten 68
鎢塞 Tungsten Plug 68

十九劃

曝光 Exposure 19
曝光機 Stepper, Scanner 106
離子植入 Ion Implantation 22
離軸照明 Off-Axis Illumination 98

二十劃以上

變異值 Variance 136
邏輯 Logic 2
顯影後檢查 After Development Inspection, ADI 46
顯影 Development 98

其他

n位井 n-well 36
p位井 p-well 36
MOS電容器 MOS Capacitor 139